百年先

地方博物館の大きな挑戦

ふじのくに地球環境史ミュージアム 編

静岡新聞社

ふじのくに
地球環境史
ミュージアム
Museum of Natural and
Environmental History, Shizuoka

ふじのくに地球環境史ミュージアム
Museum of Natural and Environmental History, Shizuoka

地球環境史からの問いかけ
What Environmental History Means for Us
地球環境史
=
人と自然の関係の歴史から
未来の豊かさを考えること

殻を見て進化にふれる
海の生物

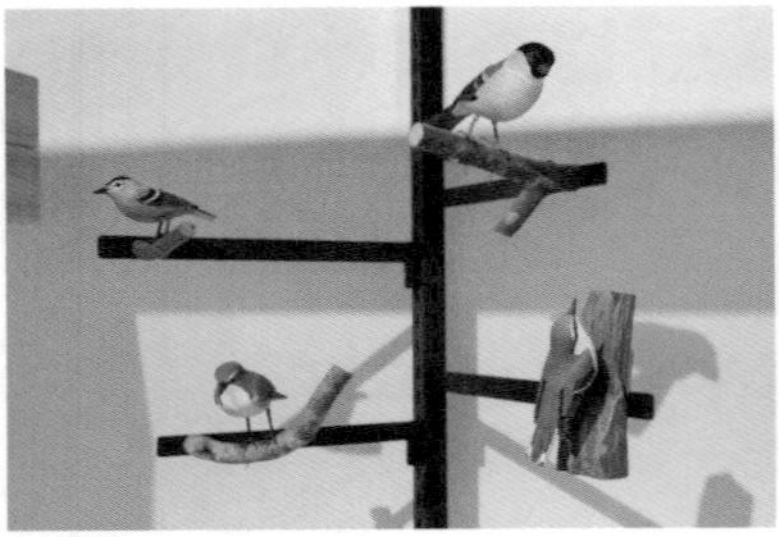

百年先

～地方博物館の大きな挑戦～

装　丁　坂本陽一（mots）
カバー写真　牧田奈津美（F4,5）

目次

はじめに

その場所は、静岡市郊外の駿河湾を望む高台にある。高度経済成長期に造成された閑静な住宅地の坂道を登り切ると、いかにも学校風の建物が見えてくる。鉄筋コンクリート造、何の変哲もない四角い3階建て。しかし、生徒の姿はなく、声も聞こえてはこない。入り口の軒先には「ふじのくに地球環境史ミュージアム」と記されたプレート。目にした人は学校ではなく博物館であったことに戸惑うかもしれない。そして館内に待ち受ける、外観からは想像もつかない異空間にさらに驚くことだろう。[図0①]

手渡されるパンフレットは白と水色のツートンカラー。「百年後の静岡が豊かであるために」というメッセージが入り、「過去・現在・未来を巡る」「思考するミュージアム」など普段あまり目にすることがないような文言が躍る。

展示室に足を踏み入れれば、その異彩ぶりに次から次へと気付くはずだ。小さすぎる標本ラベル、むき出しの標本、ルビをふっていない漢字、解説が全くない部屋、学習机やいすなどを再活用した展示台、中央に会議テーブルを設置した展示室、そして、入り口から出口まで途切れることなくスタッフが配置された館内……。どれも、高度経済成長期からバブル期にかけてつくられた多くの公立博物館とはおよそ趣がかけ離れている。

物事の探求やロマンが華やかに語られていた当時、博物館はその風潮の先取りを競って迎合していた。例えば、ただ大きさだけが際立つ恐竜の復元骨格、失われていく地域の自然や動植物を見せるため、すべてを詰め込み〝不自然〟になってしまったジオラマ展示、今やそれ自体が産業遺産といえるPC98シリーズのパソコンに大型モニターをつないでドット絵を映し、前面に大きな赤いボタンを配置してデジ

図0① ミュージアムのエントランス

図0③ 高校の面影が残る視聴覚研修室

図0②
The Best in Heritage 2019での発表風景

タル時代の到来を予感させる、といった類の展示ばかりがもてはやされていた。

実際に国内の博物館を巡ってみれば、同じテイストでつくられている場所がいかに多いかが分かる。かつては、どの館も潤沢な予算を持ち、展示制作会社の提案通りに豪華な展示をつくることがよしとされた。しかし、時代は変わった。

博物館は冬の時代といわれて久しい。「博物館に行ったのは小中学校の社会科見学が最後」「レジャー色の濃い観光地の博物館以外は子ども向けか、玄人向けばかり。身近に感じられない」「人口減少とともに斜陽化は不可避」「いずれ社会のお荷物施設」——。今は、こうした声がたびたび聞こえてくる。博物館について人々が抱くイメージは決してポジティブとはいえないのだ。

だがしかし、このミュージアムには、こうした博物館の末路を知恵と情熱で回避し、違う未来に必ず導けると信じる者たちが集まった。博物館のみならず、地域を、ひいては地球を、希望へとつなげる道を皆が見据えている。有名で高価なコレクションもない、大型恐竜を展示できる大スペースもない。そもそも新造ではなく廃校を利活用した、いわば異形の博物館である。無いものを挙げればきりがない。しかし、常に「百年先」を見ていくというビジョンだけは透徹している。

ミュージアムが産声を上げて4年が経過した。よちよち歩きながら来館者の数は増加傾向をたどっている。2019年には、全国に5700余りある博物館の日本代表館として、クロアチアで開催された国際会議において活動発表する機会も得た。[図0②]

本書では、この地方博物館の挑戦を記していく。10の教室空間に展開した大きな思いと試み、私たちの歩む先におぼろげに見える未来。夢ではない、その現実の物語を語っていきたい。[図0③]

第一章

自然史・環境史との出会い

環境保全と発展の「溝」

国際連合（国連）で、初めて地球環境の保全について議論されたのは1972年であった。1960年代にレイチェル・カーソンが『沈黙の春』で著した、農薬による生態系の劣化が現実的な問題となり、酸性雨による大規模な山枯れが進行したスウェーデンの首都ストックホルムで国連人間環境会議が開催された。113カ国から首脳が参加した12日間に及ぶ会議によって、現在の国際環境法の基本文書となる「人間環境宣言」が採択された。しかし環境保全を優先したい先進諸国と、開発と発展を進めたい途上国との間に、大きな「溝」があることが浮き彫りになった。自然環境を守ることと、経済成長を推進することの間に生まれる「溝」は、半世紀を経た今も埋まっていない。

2019年9月、ニューヨークの国連気候行動サミットの席上、各国の首脳を前に、グレタ・トゥーンベリさんの涙ながらの訴えが響いた。「あなたたちが話しているのは、お金のことと経済発展がいつまでも続くというおとぎ話ばかり。恥ずかしくないのか」。スウェーデンの16歳の少女が、地球温暖化に懐疑的とされる、アメリカ合衆国大統領ドナルド・トランプ氏に向けた鋭い眼光はマスメディアを賑わせた。成長や発展がもたらした負の側面。意図的に触れられなかった地球環境の劣化や地下資源の枯渇という「不都合な真実」について、原因をつくった大人こそが今、責任を持つべきだ―と発信する姿に、地球の未来、人類の未来を、考えさせられた人も多かったであろう。

地球で起きている変調はついに看過できないほど顕在化してきた。大気中の二酸化炭素濃度は、400ppmを定常的に超えてしまった。日本を含めた世界の多くの国は、温室効果ガスである二酸化炭素の排出を抑制できないままだ。18〜19世紀の産業革命以降、地球の平均気温は1.1度上昇し、多くの科学者が、2050年までに気温上昇を2度以内に抑えるという2015年のパリ協定の約束は実現不可能と判断している。世界気象機関（WMO）の最新の報告によれば、2014年から2019年までの世界の5年平均気温は観測史上最も高くなった。気温上昇値は今後も更新され続け、気候変動に関する政府間パネル（IPCC）の第5次報告書では今世紀末には最大4.8度上昇すると試算されている。地球は一体これからどうなってしまうのか？　誰ひとり、正確に予見することはできていない。あるのは漠然とした悲観、不安感のみである。

悲観されるのはこれだけではない。世界の経済成長を支えてきたエネルギーである石油はすでに2006年にピークオイル（使用量が埋蔵量を超えて、可採年数が減少に転じる）を迎えている。しかも、その事実を国際エネルギー機関が認めているのだ。これからのエネルギーとして注目されているシェールガス・オイルも限りある地下資源であることには変わりがない。膨らみ続ける人間活動の一方で、資源やエネルギーの枯渇や、地球温暖化は現実問題として急浮上している。それにもかかわらず、政策当局は具体的で画期的な解決策を一向に見つけられないまま、グリーンだの、クリーンだの、言葉だけを先行させているかに見える。不都合には目をつぶり、本当の課題をやり過ごしているように思えるのだ。

高度経済成長によって先進諸国の仲間入りを果たしたはずだった日本は1973年、国連人間環境会議の翌年に勃発した中東戦争の余波で、石油ショックに見舞われた。優先事項は環境保全から一転、経済・開発の推進へと戻ってしまった。多くの環境破壊や激甚公害を出しながらも、国の繁栄のためならばそれも仕方ないという風潮が再び勢いを増した。豊かな自然環境を失い、深刻な健康被害を生じてもなお、奇跡的な経済発展を成し遂げた成功体験の呪縛から、どうやら人々は抜け出せてはいない。

成功という魅惑の味を忘れられずに生きている限り、これからの地球と人類の姿を誰も正しく予見することはできないだろう。ただひとつはっきりしているのは、日本が経験してきた高度経済成長は過去のものであり、その延長線上に答えは見いだせないということだ。なぜなら、繁栄を支えてきた豊かな自然が目の前からなくなりつつあるからである。仮に地球上のすべての人が日本人のような暮らしをした場合、地球2・8個分の自然資源が必要といわれる。暮らし方を変えなければ、待ち構えているのは、The Collapse（終焉）なのだ。

今、私たちに必要なのは、決して終わらない（あるいは、終わらせないという言う方が正しいかもしれない）持続する豊かさを見つけることである。そのためには、もう一度、自分たちさえよければよいという考えを捨て、人間以外の自然物を含めて、支え合う良好な状態をつくりだすことが求められる。つまり、自然との対峙方法の再考である。

モアイ像と土偶の示すもの

地方の自然系博物館が人類存亡の危機を語ることに違和感を持つ人は多いかもしれない。実際、ミュージアムがオープンして、展示内容が浸透するまでは数多くの批判や皮肉が私たちに届いた。中には、意気消沈してしまうほど辛辣な言葉もあった。

しかし、地方にあって、それも博物館だからこそできることがあるのではないか、と開き直ってみることにした。すると、新しいものが見えてきた。地方には、都会と違って程よい自然が残っている。また、博物館には過去と現在を精緻に記録している、さまざまなモノ（標本）や人々の心に届けることのできるコト（展示、イベント）がある。こうした要素を生かせたなら地方の自然系博物館が担うべき役割の範囲を広げられるのではないか。この思いが、ミュージアムの出発点であった。

それを端的に表現したのが、ミュージアムに入り、最初に見てもらう展示だ。東太平洋の孤島、イースター島で大量につくられたモアイ像と、日本の縄文時代を印象付ける遮光器土偶の模型とを並べて展示しているコーナーである【図1①】。

イースター島【図1②】。現在はチリ領であるこの島には、光輝く時代とその終焉にまつわる悲劇の物語がある。日本の小豆島と同じくらいの小さな火山島に、人類が到達したのは8～12世紀ごろといわれている。イースター島の現地住民のDNAを分析したところ、ポリネシア人の遺伝子を持っていた。ポリネシア人の祖先は、台湾周辺を起源とするオーストロネシア語を話す人類集団である。

彼らは、高度な航海術を持ち、小さなカヌーを操って移住してきた。約200人がイースター島に移住した後、豊かな自然資源に支えられ、人口は増えていく。1700年代前半には最大1万7000人ほどになった。この人口爆発に伴って開墾が進み、燃料や小屋造りのために、高さ20メートルを超す巨木が次々と切り倒されていった。やがて森林破壊は島全体に及び、ほどなくして大部分の森を失った。当然ながら大切なカヌーの製造もできなくなる。島民は島を脱出する唯一の術をなくした。同時に漁網も作れなくなり、漁ができず、土壌流失によるサツマイモの収量低下で慢性的な食料不足に陥る。目の前に広がる劇的な変化は、社会不安を招き、氏族間抗争を激化させた。島民は、「アフ」と呼ばれる石組みの祭壇とモアイの建造に力を注いだ。氏族の力を示すた

図1②　イースター島のモアイ像

図1①　モアイ像と遮光器土偶のレプリカ展示

めに徐々にモアイが巨大化していく中で、ついに戦闘になり、敗れ去った氏族はほぼ皆殺しにされた。目的は明白である。互いに資源を食い合わなければ生きていけなくなったからだ。

1888年にチリに併合される直前には、人口わずか111人にまで衰退していた。ほんの数百年間、打ち上げ花火のように一瞬だけ輝いた「豊かさ」のひとつの形であった。

さて、島国日本。ここに今から約1万6500年前に出現して、約2500年前まで約1万4000年間続いた文明があった〔図1③〕。それが縄文時代だ。文明とみなすかどうかは異論もあるが、世界で一番長く続いた単一の文明として認識してよいだろう。縄文人は集団で暮らし、互いに協力して狩りや堅果類の栽培や採集を行い、さまざまなものを交易によって入手していた。近年の研究により、縄文人は高度に組織化された社会を構築していたことが明らかになってきた。強い共同体意識のもと、老若男女の特性に合わせ、それぞれに役割があった。病人を介護したり、食料を平等に分配したりしていたことも分かってきている。

また、縄文人は日々の暮らしの中で、どの時期にどの食材がおいしいのか、〝食べ物の旬〟を知っていたと、考古学者の小林達雄氏は主張する。さら

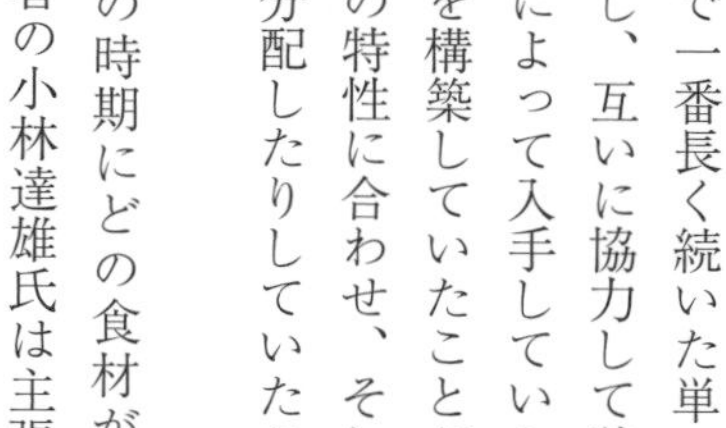

図1③　青森県三内丸山遺跡

に、冬季など食料が不足する時期に備えて、それらを保存する技術にも長けていた。干物、燻製、塩漬けなどは、すでにこの時代に作られていた。縄文人はこうした自然に寄り添ったライフスタイルを生み出し、自然の資源を減らさない術を身に付けていた。住居空間を確保するために集落周辺の森を切り払う際も、できた空き地には食材にも材木にもなるクリ、編みかご材料となるアズマネザサ、塗料や接着剤となるウルシなど、自分たちにとって有用な樹を植えて育成した。このように身近な自然を持続的に大切に利用することで、結果的に二次的な豊かな自然を育成していたのだ。

縄文時代の人口はピーク時で26万人と推定されている。自然を崇拝し、大地（地球）から新しい生命が誕生するという世界観を持った、女性中心の社会を築き上げていたようだ。祭祀で使われた土偶の多くは女性を模している。実は、出土する土偶のほとんどは、壊されたり変形したりした状態で見つかる。これは、新しい生命を「産む」存在である女性を神聖な女神と捉え、女性をかたどった人形を壊して土に撒くことで大地に新たな命の誕生と再生を祈り、豊穣を願ったためと推測されている。女神と考えられる遮光器土偶からは、当時の人々の自然や生命に対する畏敬の念を感じることができる。

当館館長の安田喜憲は、1万年以上続いた文明の根底には、自然と和をなす精神が根付いていたと主張する。豊かさを現代的な快適性や利便性という枠組みで捉えてしまうと、縄文時代はつまらなく映るかもしれない。しかし、自然と調和する人々の営みは、現代の私たちにも学ぶべきところが多いはずだ。この時代は、ろうそくの灯のように、仄暗いながらも、火を消さない思慮深さをたたえた「豊かさ」のもう1つの形を示している。

一体、これから地球はどうなってしまうのか？　モアイと土偶が示す、過去の人々と自然との対峙に、そのヒントが隠されているのではないだろうか。

自然との対峙とは、自然をどのように捉えるかということであり、裏を返せば、人がどういう存在であるかを問うことでもある。自然と人間を切り離して、シーソーのように片方が上がれば片方が下がるという見方や、自然を底辺に、人を頂点とするピラミッドのような捉え方があるかもしれない。

しかし、そこからは本当の豊かさを見つけることはできないだろう。なぜなら、私たち人類は自然から生まれ、これからも自然と共に歩んでいくほかに道はないと考えられるからだ。

スズメとシカの物語

展示室1には、スズメの剥製標本とニホンジカの骨格標本を並べた展示がある［図1④］。ここにも、自然と対峙するためのひとつの物語《ストーリー》がある。

日本語がそのまま英語となっているよく知られた単語がある。SUKIYAKI（すき焼き）、TSUNAMI（津波）、KARAOKE（カラオケ）、KAWAII（かわいい）など。その多くは日本ならではのものであり、その物自体や表現が外国にはなかったものである。その中にSATOYAMAという言葉がある。漢字で「里山」と書く。

里山とは人の手が加わっている森や林のことを指し、広義には二次林やそれと農地等が一体となった景観とされる［図1⑤］。多くの日本人は里山という言葉から風景をイメージすることができるのではないか。それは、いにしえから日本人が守ってきた日本の原風景であり、生活の舞台となっていた場でもある。郷愁を覚える人も多いはずだ。だが、欧米にはそのイメージを表現する適切な単語がない。なぜであろうか。それは、自然というものがあって当たり前ものので、資源を収奪する対象として取り扱われてきたからだ。一方、日本では自然というものは大事に育成する、あるいは手入れするものという感覚があった。

日本人は深山には精霊が宿り、どの人間も入ってはいけない領域があると考えていた。しかし、人間には生存、生活のために自然が必要だった。安定的に食料を確保でき、エネルギーを生み出し、住居をつくるための材料を入手する場――。そのために人間が自らつくった自然こそが「里山」であったと環境学者

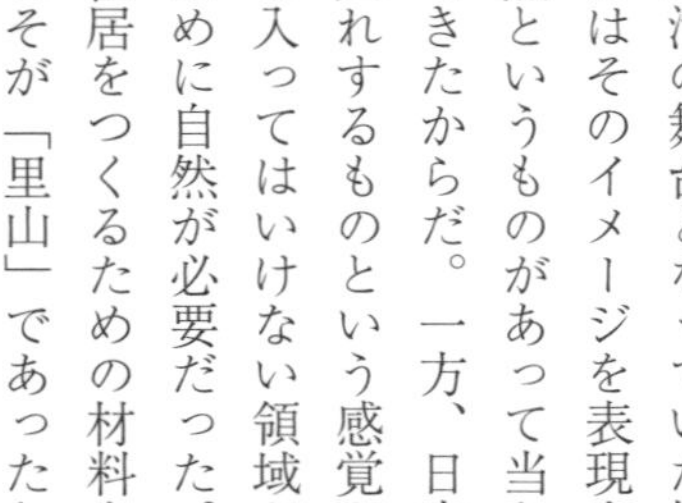

図1⑤　松崎町石部の里山

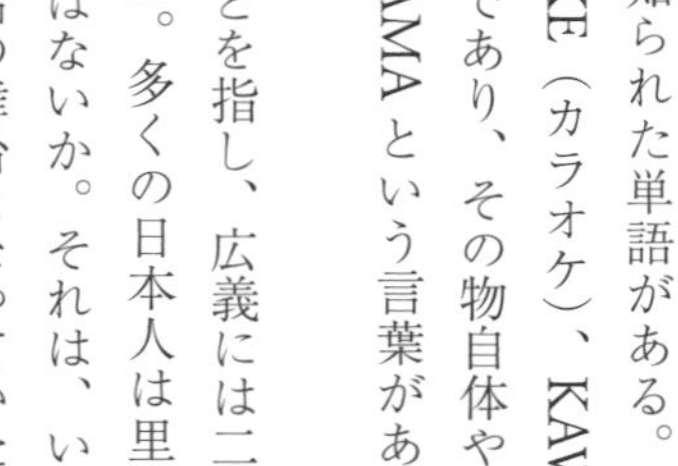

図1④　スズメ剥製とニホンジカ頭骨の標本展示

の武内和彦氏はいう。「里山」は人間が住む「人里」と、人間を拒む「深山」の間の緩衝地帯となり、連綿と続く自然とそこに暮らす生物を守ってきた。それが今、崩壊の危機に直面している。端的に表している事例が、スズメとニホンジカである。

スズメは稲の害鳥とみなされることもあるが、田んぼでたくさんの昆虫を食べることで、害虫の大発生を抑制する働きもある。私たちにとっては身近な鳥だが、人間が自然を切り開く前の日本列島にはそれほど見られなかったらしい。そのころ、日本列島は、一面深い森に覆われており、開けた環境を好むスズメが暮らすのに好適な環境はごくわずかしか存在しなかった。人間が森を切り開き、田んぼを作ったことで、スズメが採餌できる環境が増え、また、人間が作る住居はスズメに巣を作る場所を提供した。しかし近年、スズメは急激にその数を減らしている。餌場の草地や水田、および巣場所としての木造建築の減少に加えて、農薬の影響等が原因と考えられており、これらはいずれも私たち人間のライフスタイルの変化が引き起こしたのだ。

ニホンジカやイノシシ、ニホンザルなどの野生動物はかつての生息域である奥山から里山に進出し、個体数を増しながら分布を拡大している。彼らは農地で作物を食い荒らし、その経済的な被害も甚大なものになっている。里山への進出は、人間が森林を放置し、その手入れを怠り始めたことが大きな要因とみられている。中でも、ニホンジカの増加は生態系にも大きな影響を及ぼしている。シカの増加した森では林床の植物が食べ尽くされ、次世代の樹木も育たない。やがて森林は崩壊し、土壌の流失を起こす。ニホンジカの増加の原因は複合的で、天敵ニホンオオカミの絶滅、狩猟者の減少、温暖化による冬の死亡率の減少などに加えて、戦後のスギ・ヒノキの拡大造林によりニホンジカの生息好適地が一時的に拡大したこと、さらに人工林の成長で暗くなった林からシカが好む明るい自然林へ移動が引き起こされたこと……などが指摘されている。これらはすべて人間の活動が原因である。

スズメの減少もニホンジカの増加も、自然と決別し始めた人間のライフスタイルが招いた事態なのだ。石油などの地下資源に頼った生活を送る現代、里山はもはや必要とされなくなった。ある意味それは仕方がないことかもしれない。しかし、より深刻なのは、里山の崩壊によって、「社会の成熟」という言葉とともに私たちの精神性が変化し、縄文時代から続く日本人の自然観が失われていくことだ。人間は自然の一部であり、地球上に暮らす多くの生物とつながりながら暮らしているという、かつての日本人が当たり前に持っていた、しとやかな自然観の崩壊。その危機に、ようやく一部の日本人は気付き始めている。

外国からSATOYAMAという言葉で賞賛される、人の手が入った自然を、そして人と自然が良い関係を築いてきた独特の暮らしぶりを、私たち自身が壊そうとしている。今、私たちがすべきこととは何なのか…。自然との共生の本質は、自然との対峙をやめないことであろう。対峙が忘れ去られたならば、「再会」するしかない―。そう、展示標本は訴えかける。

百年先を見るために

かつて校長室だった展示室1の巨大モニターには、ミュージアムの基本コンセプトを分かりやすく表現した約3分間のムービーが流れている。そこに示される、「自然を知り　知識をつなげ　豊かな未来を創っていく」「人が歩んできた歴史を　周りに広がる自然を　正しく学ぶ」というメッセージは、未来をデザインするために、私たちに絶対必要な要素である。

この博物館の基本コンセプトを練る過程で、環境・資源ジャーナリスト谷口正次氏、ネイチャーテクノロジーの第一人者石田秀輝氏から伺った話は、実に示唆に富むものであった。

それによると、古代ギリシャにおいては、過去と現在は私たちの前方にあるもの、つまり見ることのできるものであって、あらかじめ見ることのできない未来は、私たちの背後にあるものと考えられていた。ほんのわずかな賢人だけが背後にある未来を見ることができるとされた。一方、日本語の「先を読む」というのはまさに未来を考える意味である。この「先」とは先人、先達、先日という言葉から明らかなように過去を指している。つまり、「先を読む」ということは、過去をしっかり見るということに他ならない。

1985年に公開された「バック・トゥ・ザ・フューチャー（未来にもどる）」というアメリカのSF映画がある。1985年、米国のとある町の若者が知り合いの発明家がつくったタイム・マシンに乗って、両親が結婚する前の1955年の同じ場所へタイムトラベルして、父母の恋愛を成就させて舞い戻るという物語である。この題名が、古代ギリシャの叙事詩、ホメロスの『オデッセイ』の影響を受けているとの、谷口氏の指摘も新鮮だった。

未来をデザインする時、私たちは往々にして過去を捨て去り、全く新しいキャンバスを用意して事に取り掛かる。絵を描くためにまず山を削り、海を埋め立てる。そして高層ビルをつくり、地下から大量のエネルギーや資源を掘り出し、利便性だけを追い求める多くのテクノロジーを開発してきた。結果として功利とは裏腹な地球環境問題や、多くの格差が生みだされた。私たちが、知るべき過去の自然や、経験した歴史を軽視したことが招いた負の側面と言わざるを得ないだろう。

展示室1には、1931（昭和6）年に刊行された少年少女雑誌の特集として、「未来の世界」「未来の都会」のイラストが描かれた冊子を展示している［図1⑥］。描かれている未来は、高くそびえるビル、街中を走る電気自動車や磁石で動くモノレール、農地には、種まきから水まきまで行う全自動の耕運機からロボットの馬まで、まさに現代人が考えるものとほぼ同じ図であった（ただし、携帯電話やインターネットは描かれていない）。人の想像力は約90年前とさほど変わっていないのかもしれない。しかし、真に豊かな未来をデザインす

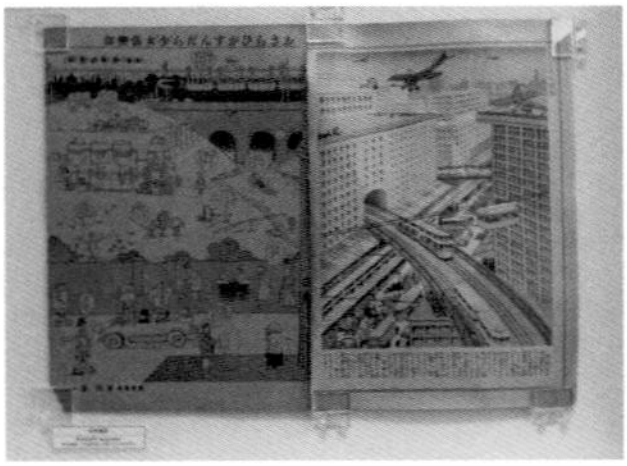
図1⑥　1931年刊行の少年少女雑誌の展示

るためには「変わっていない」で立ちどまっていてはいけない。「変えるべき」なのである。

ＳＤＧｓに足りないもの 〜経済・地域・環境を結ぶには?〜

２０１５年９月に国連本部で開催されたサミットで「持続可能な開発のための２０３０年アジェンダ」が採択された。この目標が、17のゴール、１６９のターゲットから構成される持続可能な開発目標（Sustainable Development Goals：ＳＤＧｓ）である［図1⑦］。People（人間）、Planet（地球環境）、Prosperity（繁栄）、Peace（平和）、Partnership（連携）という5つのＰでまとめられた、国連加盟の１９３カ国すべてが２０３０年までに達成しなければならない努力目標である。

地球温暖化や、海洋プラスチック汚染が深刻となっている今日、この考えは徐々にではあるが一般市民にも浸透しつつあるようだ。17種類のカラフルなロゴマークでつくられた円状ピン

図1⑦　SDGsで定められた17のゴールのアイコン

バッジを背広に付けている政治家や会社員をしばしば見かけるようになってきた。ＳＤＧｓ採択後、世界的な投資家の間で、環境（Environment）、社会（Social）、統治（Governance）の頭文字を取ったＥＳＧ投資というワードが生まれた。投資家は本来、経済的な利潤を目的として利益を生む企業に投資を行う。儲かる企業を見極めるテクニックが求められる。そんな金儲専門のプロたちが、これからの持続的な社会を構築するために地球環境に配慮した経営手法を評価材料のひとつにし始めたのだ。地球環境に配慮できない会社は、いくら利益を生んでも、投資対象にしないということである。経済的にも環境を保全する方法を取りながら利益を生む企業しか、もはや生き残れない世の中になってきている。

ＳＤＧｓは新しい価値観でこれからの世界を変えるかもしれない。しかし、ＳＤＧｓの17のゴールに含まれていないが、持続可能な社会をつくるためにどうしても不可欠だとミュージアムが考えているものがある。それは、その地域の「歴史・文化」である。

人類の歩んだ歳月は６００万年。その間、過去の経験にさらに知恵を重ね続けて文化を培い、文明を創ってきた。元々は、人間が自然を支配するといった発想はなかっただろうし、あらゆるものが生かされているという世界観が広く存在していたであろう。しかし今、人間を取り巻く状況はあまりにも急速な変化の波に洗われている。ＡＩ（人工知能）が人間の代わりをする、寿命が１００歳になる、銀行はなくなり金融は仮想通貨になる、車は自動運転になる――など画期的、かつ圧倒的な未来予測に溺れて過去をしっかりと見つめにくくなってはいないだろうか。変化に幻惑されるのではなく、今一度足元の歴史・文化の価値に光を当てなくてはならない時が来ている。

自然との距離の今昔

「先生、これって本物？　おもちゃじゃないの？」

ミュージアムにくる少年少女たちが、展示されている昆虫標本を指さして度々発する言葉である。

「違うよ。これは標本っていってね、元は本物の生き物だよ」と説明すると、驚いて目を丸くする。

現代っ子の様子に、こちらも驚くのだが、さらに唖然とさせられるのは、一緒に来た父母の反応である。「へぇー」と子どもと同じように驚嘆の声を上げているのだ。

自然体験ひとつとっても、世代間格差は顕著である。中高年世代が幼いころに当たり前のように経験した虫採りや川遊びは、今の子どもは経験していないことが多い。いや、できないという方が適切かもしれない。もはや、彼らにとってカブトムシやクワガタムシはデパートで買うもの。バッタやカマキリも実在しないゲームの仮想の世界にしか生息していない。自然とのふれあいや原体験が、若い世代の生活から丸ごと欠如しているのだ。

そんな子どもを含めた若い世代に、地球環境を守り、自然と共生した未来を描けというのは、元々無理があるのかもしれない。考える材料となる「過去の体験」がないからである。だからといって、現在の子どもすべてが自然や生き物に興味がないかといえば、そんなことはない。昔も今も、昆虫などの小動物は子どもの心を捉える人気者に変わりない。気を付けて身の回りを見れば、街中にだって虫たちは暮らしている。探す心があるかどうかが重要なのだ。昆虫が怖くて触れないという子も多いが、これも無関心よりはまだよいだろう。

怖いとか、気持ちが悪いという反応は、親の影響かもしれない。子どもが生き物に興味を持っていたら、お父さん、お母さんは生き物が苦手でも、我慢して付き合ってあげてほしい。生き物への興味は、子どもにとって、科学や世界への入り口につながっている。ミュージアムはそんな生き物たちとの出合いの場所でもありたいと考えている。

さて今、「あなたにとって、豊かさって何?」と問われたら、人はどのように答えるだろうか。金持ちになること、家族や友人と仲良く過ごすこと、趣味が充実すること、仕事や学業がうまくいくこと、健康でいることなど……。いろいろな意見があって当然で、そこに決定的な正解は存在しない。それは、私たちがそれぞれ独自の価値観や判断基準を持って豊かな状態について考えるからだ。しかしどう答えるにせよ、豊かさの根幹が、このままでは枯渇してしまうであろう自然からの有形無形の資源の消費の上に成り立っていることだけは明白なのである。

ふじのくに地球環境史ミュージアムの思いと願い

自然系博物館は、地域の「知」が集積するアーカイブセンターである。地域が辿ってきた歴史と現在の自然を、学芸員・研究員が調査研究を重ねて解き明かし、標本・資料を収集保管するという形で記録していく。それを地域の人々に知ってもらうために、展示や情報発信が行われる。それゆえに展示のコンセプトは、博物館が立地する地域の自然環境を総合的に学び、理解することに主眼が置かれる。事実これまでの多くの施設は、地域を知る場所として存在してきたし、それでよかった。

しかし、社会は急激に変化してしまった。

この100年間に焦点を当てても、列強国、敗戦国、高度経済成長、激甚公害、石油ショック、バブル経済とその崩壊、リーマン・ショック、阪神・淡路と東日本という2つの大震災および原子力発電所の事故、新型コロナウイルスの世界的流行に伴う生活様式の見直しなど、さまざまな状況変化が挙げられる。そして、グローバルスケールで温暖化が進行する一方、ローカルスケールでは少子高齢化と人口減という人類史上初めての大波が目前に迫る。

日本の自然環境と社会の大きな変動の中、これからの地方の博物館は、人々に何を見せていくべきなのか。自然愛好家が集うだけの博物館では未来はない。地方博物館に集結する「モノ」を、「知」の力を集めて〝調理〟することが必要だろう。そのためには、地域の未来、私たちの生活の未来、ひいては地球の未来を創るために必要な材料・素材が何であるかを、まずは博物館人が吟味しなくてはならない。しっかりと足元を見据え、地方の価値を見いだす必要がある。自然も歴史も文化も、その地にしか存在しないユニークなものがあるはずだ。

ここ静岡には、これまで在野の研究者・愛好家が収集・整理してきた数多くの自然史標本があり、博物館建設に貢献したNPO法人静岡県自然史博物館ネットワークの人々を始め、広範な協力者の輪も存在する。ただ、予算、人員ともに限られている上、設置場所は廃校跡、旧校舎のリノベーションである。正攻法では既存の博物館にとてもかなわない。

それなら、博物館の常識にとらわれずに私たち自身で自由に考えてゆこうと決め、この館を「ミュージアム」と呼ぶことにした。ミュージアムには、百年先を考えるための材料が揃っている。それは先人たちが遺してきた過去を知る手掛かりにして、最高の贈り物だ。それらをどのように展開していくかが、腕の見せどころ。ミュージアムの発信が来館者によってどう咀嚼、吸収され、日常生活に、そして未来の構築に活かされていくかが重要となる。来館者各々が今の暮らしぶりを見詰め直し、疑問を抱き、自ら変わっていくきっかけをつかめたなら、何よりも素晴らしい。私たちはそれこそが、ミュージアムの存在価値だと考える。

百年先を見るためには、人間が歩んできた道、そして目の前に広がる自然の過去と現在を、正しく知る必要がある。

珍しいものだけ、金をかけたものだけ、かっこよい部分だけ、都合よい部分を取り上げただけの自然を見せるのではなく、自然と、そこに住む人間を含めた生物の真の姿を見せていかなくてはならない。次代のミュージアムには何よりも必要なことで、それを可能にするのは真実を記録する標本と、標本をつなぎストーリーとして紡いでいく技量を持った研究員・学芸員の存在である。地域（ローカル）と地球（グローバル）という視点に立って、未来の構築に向け人々の視野を広げていくための地道な努力が求められる。

ふじのくに地球環境史ミュージアムの10室で展開される常設展示は、表面的には地域の自然環境を知るための空間に見えるかもしれない。しかし、視点を少し変えるだけで、百年先を見通すため散りばめられた数々のヒントに気付くだろう。展示の企画・構成では、どの展示室にも人間との関わりという観点を軸に据えた。展示の方法は、これまで自然に興味や関心を持っていなかった層の心にも届くようデザイン性にこだわり、キャプションも展示室ごとに伝えたい内容を絞り込み、言葉をそぎ落とすことに努めた。その作業過程で生まれたのが、知識を学ぶだけでも感性に訴えるだけでもない、〝思考型展示〟である。展示を通して来館者が考え、「知」に至っていくことを目指した展示だ。

図1⑧
展示室1モニタに映る
ミュージアムの活動テーマ

「百年後の静岡が豊かであるために」［図1⑧］。

本書では、このミュージアムの活動テーマに込めた私たちの思いと願いを、詳《つまび》らかにしていきたい。

第二章

ふるさとの自然環境から考える地球のこと

富士山の恵みと脅威

総面積7777平方キロメートル、人口360万とちょっと。本州のほぼ中央に位置し、太平洋に面した温暖な気候の静岡県。東京からも名古屋からも新幹線を使えば1時間の距離だ。その特徴を挙げればきりがない。大地という視点だけでみても、標高3776メートルの富士山を筆頭に、3000メートル級の南アルプスの山々が背後にそびえ、台地や丘陵地には、お茶、ミカン、イチゴなどの栽培が盛んな地域が点在する。伊豆半島は、海洋火山島がプレートにのって本州と衝突した、日本唯一の比類なき形成史を有し、温泉や海水浴でにぎわう日本有数の観光地としてその名をはせている。そして、前面には水深2500メートルという日本一深い湾・駿河湾が広がっている。静岡県を訪れたことがない人でも、豊かな地域としてのイメージを抱き、日本という国を分かりやすく縮図にしたような土地柄であることは容易に想像できるのではないだろうか。

世界に誇る日本一の霊峰、富士山［図2①］。2013年にユネスコの世界文化遺産に登録された、いわずと知れた日本のシンボルである。厳かな中に宿る凛とした美しさは、国内外の多くの芸術家を魅了し、数々の作品が生み出され

図2①　冠雪した霊峰「富士山」

てきた。歌川広重の「冨士三十六景」や葛飾北斎の「冨嶽三十六景」には、移ろう季節や見る場所で刻々と変化する富士山の雄大な姿が描かれ［図2②］、モネやゴッホなど欧州の画家にも影響を与えたといわれる。神宿る霊山として、平安時代から修験者の修行の場として崇められてきた。江戸時代には全国各地で「富士講」が大流行して登拝者が後を絶たず、今日も夏季には「御来光」を拝む大勢の登山者が列をつくる。富士山は日本人にとって時代を超えて愛され大切にされてきた山である。

しかし、富士山は時に人々を絶望の淵に追い込むことがあった。富士山は、地下にマグマを秘めた活火山であることを忘れてはならない。現在のような独立した、きれいな円錐形の秀峰たるゆえんも、約1万年前から続く火山活動の賜物《たまもの》であるのだ。富士山の最新の噴火は１７０７年。推定マグニチュード（M）8・6の南海トラフで発生した巨大地震・津波の49日後に突如として起きた。その日、午前10時ごろ、富士山中腹の南東斜面で大きな爆発音とともに白煙が立ち上った。噴火の始まりである。噴煙は上空20キロメートルにも達し、西風にあおられ、徐々に富士山東側に高温の軽石や火山灰を降らせていく。やがて、白い煙は黒く変化した。夕方には、黒い煙とともにマグマの赤い火柱

図2②　葛飾北斎 富嶽三十六景「凱風快晴」

が火口から吹き出し続ける恐ろしい光景を、現在の沼津市方面から見ることができた［図2③］。噴火は、一時的な小康状態を挟みながら約2週間にわたり断続的に起こったとされる。軽石や火山灰は、東京（当時の江戸）まで降り注ぎ、風下地域全体で田畑を機能不全に陥れ、また、多くの人に呼吸器疾患を招いた。強風が吹くたび、また雨が降るたびに、二次災害も起き人々の生活に甚大な被害をもたらした。

展示室2の黒い壁に地層の剥ぎ取り標本が取り付けてある［図2④］。剥ぎ取り標本というのは、特殊な溶剤を使って地層の断面部分を固め、泥も砂も化石も、物の見事に剥ぎ取った、地層の質感までもリアルに味わうことができる面白い標本である。展示標本は、神奈川県茅ケ崎市の海岸付近のとある住宅の庭から採集した。家主の了解を取って1・5メートルほどの穴を掘り、その地層側面を剥ぎ取った。海岸の砂が堆積する中に、厚さ10センチメートルほどある最下部は直径1センチメートル程度の白色の軽石で、その上にびっしりと1ミリメートル以下の黒色のスコリアと呼ばれる火山噴出物が確認できる。この10センチメートルの地層は、上空から約2週間にわたって降り注いだ富士山の分身である。当時の人々は、気高き富士の峰に絶望の念を抱き、言いようもない恐怖の中に身を置いていたことであろう。

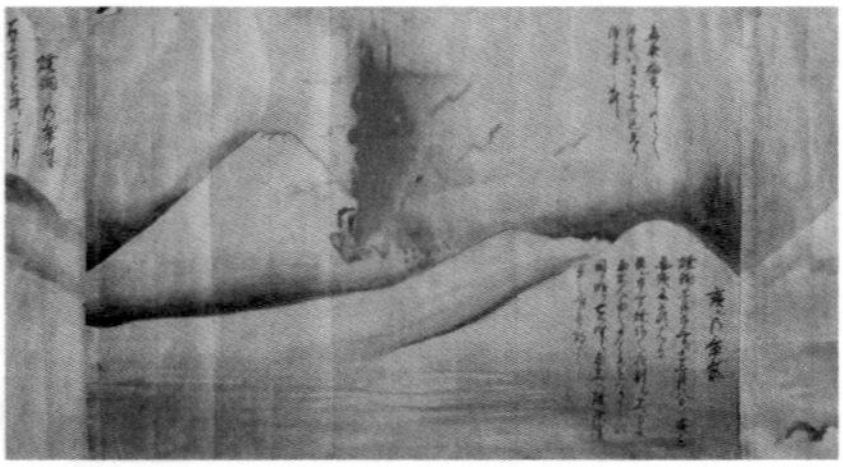
図2③　富士山宝永噴火絵図 夜乃景気

図2④
宝永噴火の火山噴出物（神奈川県茅ケ崎市）

富士山は活火山であるからこそ、多くの恵みを周辺にもたらし、独自の文化を育んできた。溶岩がつくる地形やその特性は、豊かな静岡県に一役買っているのである。

かつて幾度となく噴火した富士山は、山麓に多くの溶岩を流出させた。溶岩は、流れ下り固まるまでの間に空洞をつくることがある。富士山周辺には、そのように形成された洞窟がたくさんある。天然記念物にもなっている風穴や氷穴もその類である［図2⑤］。洞窟の中は、年間通して気温が一定であることから、ワインやウイスキーを熟成させるのに最適とされ、長く使われることもある。富士講の開祖として崇拝された角行《かくぎょう》も、この溶岩がつくった空洞で苦行に励んだと伝わる。高温で流れ出た溶岩が、時として、太い樹木を焼く間に鋳型のよう固まってしまう場合がある。くりぬかれた太鼓のような溶岩樹型の誕生である［図2⑥］。こうした奇岩は小さなものから大きなものまで、富士山周辺各地で見ることができる、御殿場市には、胎内（子宮の内部）に見立てられたものもあり、生命を崇める神聖な場所となっている。

さて、溶岩がもたらすもうひとつの恵み、それは、豊富な伏流水や湧き水である。静岡県の年間降水量は１８００ミリ前後と日本平均より多い。県中部地域は、急峻で駆ける河が多いことから「駿河国《するがのくに》」と名付けられたといわれる。

図2⑥　陣馬太鼓と呼ばれる溶岩樹形

図2⑤　駒門風穴

かつて旅人が「箱根八里は馬でも越すが越すに越されぬ大井川」と詠《うた》った、東海道最大の難所・大井川を始め、大きな川が流れて水が極めて豊富であったことをうかがい知ることができる。

富士山周辺で、速やかに地中にしみ込んだ雨水は、溶岩中を流れる間にろ過され、清らかな水へと純化する。そして、溶岩の末端部で再び湧き上がってくる。東洋一の湧き水と称される柿田川は、1日に70万～100万立方メートルもの水が湧き、飲み水や工業用水に活用される［図2⑦］。富士宮市の白糸の滝のように、地下を流れていた水流が突然滝となって流れ出す伏流水の出現もある。その豊富な湧き水によって、静岡県には全国一と数えられる産業が生まれた。ワサビ栽培［図2⑧］や、養鱒［図2⑨］がその代表例である。すべては、豊富で清らかな水をもたらす火山地形のおかげである。

恵みに潜む災いと災いの先にあるもの

ところが豊富な水もまた、災いの原因となることがある。新元号に改まった2019（令和元）年は、自然災害に悩まされた年であった。中でも静岡県を

図2⑦　柿田川の清流

図2⑧　伊豆のわさび田

含めた東日本を中心とした台風15号、19号による激甚水害は記憶に新しい。かつて静岡県では、１９５８（昭和33）年の狩野川台風、１９７４（昭和49）年の七夕豪雨による巴川の氾濫・決壊【図2⑩】など、生活を一変させる災害がたびたび起きた。自然環境というのは、火山にしろ、水にしろ、良い側面もあれば、悪い側面もある。その事実を身をもって知ることができる場所が静岡県ともいえるのである。

自然の脅威と恵みは表裏一体のものである。

私たちは、脅威と恵みを、都合よく切り離すことはできないということを、時に憎いとさえ思わせる自然の振る舞いを通じて学んできた。

東日本大震災の経験をきっかけに、自然に対して抱く私たちの価値観が変わってきていると強く実感する。数年前、北欧に住む友人が訪ねてきたことがある。彼は、地球科学分野において楯状地と呼ばれる安定地塊に住んでいる。安定地塊とは簡単にいうと、何億年も地震も火山噴火も起きていない極めて安定した場所である。その友人を富士山や伊豆半島に案内して、変動する大地を実感してもらった。もちろん、静岡県が誇る温泉やおいしい食事も含めてである。

図2⑩　1974年の七夕豪雨

図2⑨　富士宮市井之頭地区の養鱒場

旅の終わりに、彼から問いかけられた。

「日本人は、なんでこんな恐ろしい場所に住むのだ？　大きな地震や巨大な津波、いつ噴火するか、分からない火山もあるし、台風の被害もひどいのだろう。ひとたび自然がモンスターに変身したら、君たちの生活はひとたまりもないじゃないか。もっと安定した環境、安全な場所に移ることを考えないのか？」と。まるで北欧への移住を促すかのような口調だった。

その時、彼にこう話した。「『天を恨まず、運命に耐えて、助け合って生きていくこと、それが私たちの使命』。東日本大震災によって同級生を大勢失った岩手県沿岸部のある中学生（当時）が震災直後の卒業式の答辞でそう答えた。その時に改めて気付かされた。日本人は、天（自然）には勝てないことを知っている。人間の力は小さく、自然の一部であることを痛感させられる。でも、耐えているだけではなく、ありがたい幸せも分けてもらっている。だからこの場所から多くの日本人は離れないと思うよ」と。

彼はゆっくりうなずいて、「日本人が持つ感性は、嫉妬するほどうらやましい」と握手してくれた。もし、２０１１年のあの未曽有の惨劇がなければ、あのように答えなかっただろう。むしろ、「そうなんだ」と同意してしまっていたかもしれない。自然から学ぶことは、年を重ねても決して尽きることはない。

日本列島は地球スケールからみると、ほぼ絶壁である。地球一周約4万キロメートルの中で、わずか数百キロメートルの幅に地球表面の起伏の約半分がある。中でも静岡県は、富士山から駿河湾まで標高差6000メートルを超える稀有な高低差を持つ。まさに絶壁中の絶壁である。その壁にへばりつきながら、這いずり回るようにして人々は暮らしている。プレートという変動する大地が、その壁をつくっている。時には壁から落ちてしまうこともあるかもしれない。しかし、その場所にこそ、恵みが多いことを私たちは知っているのである。

ふじのくにの海を「ヨコ」に見る

すべては海から始まった。海は、生命が最初に誕生した場とされる。私たちは生活の場を陸上に移して久しいが、今も海の恵みによって育まれている。海への憧れや親しみ、そして畏敬の念を、誰もがどこかに抱きながら暮らしている。展示室3では、多様な海洋環境や生態系、海洋生物の生きざま、私たちが享受している恵みを見つめ、考えていく。舞台は静岡県だが、そこには日本の縮図といえる状況が広がっている。

海には今も多種多様な生物が息づいている。地球上の現生生物を870万種と見積もった試算では、220万種が海産種であるという。半分もない、などと侮ってはいけない。生物の分類では界・門・綱・目・科・属・種という階級が設定されており、例えば門（Phylum）では、動物は35群に大別されている。ヒトであれば、他のすべての脊椎動物などとともに脊索動物門に含まれている。全35門のうち、陸上（河川など陸水域も含む）で生活する種が含まれるものは17にとどまる。それに対して、海には1つを除く34門の動物が生息している。多様さという点では、ある意味、圧倒的なのだ。

静岡県の海を、まずは東から西に向かって眺めてみよう。東端は伊豆半島だ。海岸に降り立つと、ごつごつとした岩肌をさらす岩礁や大小さまざまな転石が積み重なる光景が目に入る［図2⑪］。春から初夏にかけては、波打ち際がヒジキを始めとする海藻にみっしりと覆われているかもしれない。海中には、魚の姿がちらほら見える。「見て！魚がたくさんいる！」と喜ぶ人がいる。「なんだ、こんなもんか」と分かったふうを装う人もいる。ただこれは、どれも文字通り表層的な海の姿に過ぎない。多様性の本質は、見えない所にこそある。

想像してみてほしい。岩礁の割れ目や岩陰、積み重なる転石や砂礫の間隙（スキマ）など目の届きにくい場所に、いかに多くの生物が潜んでいるかを。小さな生き物たちが開けた場所で目立つ振る舞いをしていたら、よほどの武器でも持たない限り、すぐ捕食者に襲われてしまう。

伊豆半島はかつて火山島だった。全体的に波当たりの強い場所が多いことも

図2⑪　伊豆半島沿岸の岩礁域

あり、海岸は砂泥が堆積する環境に乏しい。そのため海岸はスキマの宝庫であり、スキマ好き生物の宝庫でもある。その辺の水際にある転石を1つめくっただけでも、下に潜んでいたエビやカニ、小さな貝、ハゼやイソギンポの仲間などの小魚が慌てふためいて逃げ惑う。その下の転石、砂礫と掘り返していくと、さらにごそごそと、さまざまな小型の生物が現れる。

小さな生物が多く生息する岩礁やその周辺には、それを捕食する、より大きな生物が集まる。岩礁で小魚を採っていると、どこからか現れた大型の魚やカニに獲物を横取りされ、悔しい思いをすることもある。スキマ環境の多彩な岩礁は、夜行性動物の隠れ場所にも事欠かない。伊豆半島がイセエビなどの豊かな漁場であるのも、道理だ。そして岩礁には、季節や場所によって海藻が生い茂る。「海の森」とも称される海藻群落（藻場）は、多くの生命を育む場を提供する。伊豆半島の海藻群落は、確認された種数の多さでは国内最多の規模を誇るという。岩礁は、県内の海でもとくに豊かな生態系、生物多様性を育む場となっている。

伊豆半島から西に移動すると、海岸の景色は一変する。駿河湾奥部から県西部にかけてよく見られるのは、延々と広がる砂浜や砂利浜からなる海岸だ［図2⑫］。一見、隠れる場所も無さそうな単調な環境だが、これもまた見せかけだ。試し

図2⑫　駿河湾奥の砂利浜

に砂利浜海岸の波打ち際で、干潮時に穴を掘ってみる。大きめの砂利が徐々に小さくなり、小さなカニやゴカイ、ヨコエビ類などがちらほら見えてきたら、しめたもの。そのうち、ゴカイのようにひょろ長い体形をした数センチメートルほどの魚が躍り出る。ミミズハゼの仲間だ【図2⑬】。

5年前に静岡に居を構えて以来、筆者はこのミミズハゼの調査を続けてきた。結果は驚くべきものだった。県内で採集された25種のうち、実に15種が学名（ラテン文字で表記された生物の世界共通の学術的名称）のないもの、すなわち世界的に未知の種だったのだ。未知なる自然は身近にもある。ミミズハゼの種多様性はその好例であり、県内のスキマ環境の豊かさを如実に示すものでもある。

砂底の場合も、潜む生物が多く見られる。砂礫に比べるとスキマが圧倒的に小さいため、生息する生物には、体サイズが極めて小さいものや、あるいはより大型の動物の場合、砂に浅く身を潜められるように体の平たいものなどが多い【図2⑭】。一見、寂しげな砂浜や砂利浜でも、投げ竿をもった釣り人をよく見かける。彼らが獲物として狙う魚の存在は、その魚の命を支える豊かな生態系がこの環境で育まれていることの証しでもある。

駿河湾南西端の御前崎よりも西側になると、河口やその周辺に、流れがごく

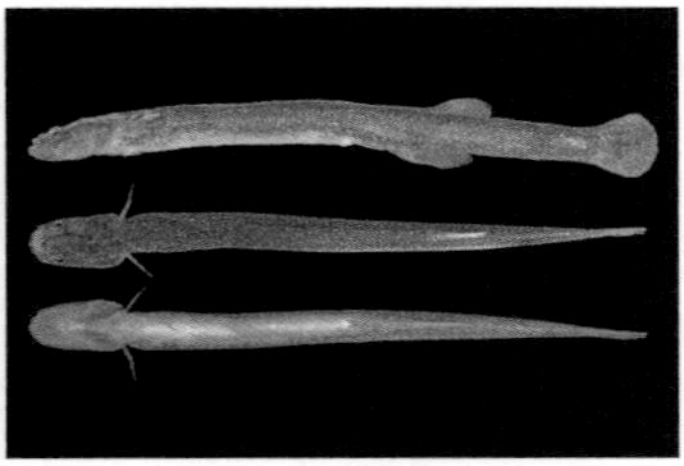
図2⑬　砂利浜で採集されたカマヒレミミズハゼ

図2⑭　砂底に横たわるヒラメ

緩やかで「塩分控えめ」な汽水環境が発達する場所がちらほら見られる。干潮時に姿を現す平坦な砂泥干潟や、踏み込むと足がずぶずぶ沈み込むほどの軟泥底もあるかもしれない。

汽水域は、潮の干満により塩分濃度が大きく変動するなど、ともすれば不安定になりがちな環境だ。しかしここを主な生息環境とする生物は、意外なほどに多い。例えば、広大な汽水湖である浜名湖は潮干狩りで知られるアサリをはじめ、ドウマン（ノコギリガザミ）や養殖が盛んなカキ、ノリなど、汽水域ならではの豊かな幸に恵まれている［図2⑮］。

汽水域はまた、海と川を行き来する生物の通り道でもある。静岡県を代表する名産物の1つであるウナギ（ニホンウナギ）は、その代表格だ。はるか沖合の深海で生まれたニホンウナギは、海流に乗って日本沿岸に辿り着くとそのまま川を遡上し、親魚にまで成長した後、川を降り遠い深海の産卵場に戻っていく。浜松を発祥とするウナギ養殖では、沿岸に辿り着いて、いざ川に入ろうと河口付近に群がる稚魚（シラスウナギやクロコ）を集めて、種苗とする。伊豆半島の狩野川が「友釣り」発祥の地とされるアユ、東海道名物の1つにも数えられた清水のシロウオなど、生活史の一時期のみ汽水域を利用する生物は多く、その姿は、風物詩として私たちの暮らしを彩ってきた。

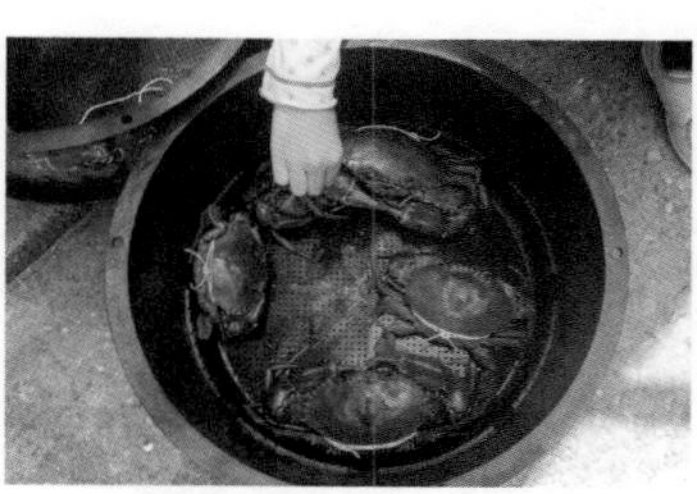

図2⑮　浜名湖産ドウマン（ノコギリガザミの仲間）

ふじのくにの海を「タテ」に見る

「うみはひろいなおおきいな」と歌われる海。しかし海は、広く大きいだけでなく、深い。世界最深とされるマリアナ海溝は最大水深1万900メートルを超す。富士山（標高3776メートル）を縦に3個並べた高さと同じぐらいの深さで、世界最高峰エベレストの標高（8848メートル）よりもはるかに深い。海全体の平均水深でさえ富士山の標高に近い約3800メートルある。仮に地球の地殻表面を真っ平にならすと、現在ある陸地は全て海に沈んでしまう。地球の表面は一律、水深2400メートルほどの海となる計算だ。それほどまでに海は広く大きく、深い。

静岡県の海は、深海なくして語れない。深海とは、海の200メートル以深の部分を指す。ほとんど光の届かない暗闇の世界だが、海全体の体積の約93%がこの深海に相当するという。残りのわずかな表層（浅海）で、植物プランクトンなどの生産者による光合成を基盤とした、豊かな生態系が成り立っている。表層で生産された有機物は、形を変えながら次第に沈降し、多くの深海生物をも養う。浅く明るい水域の豊かさは、魚類の科（Family）ごとの種数ランキングを見てもよく分かる。全世界あるいは日本全国規模では、コイ科やハゼ科など、淡水や浅海にすむ魚を多く含んだ科が上位を占める。しかし静岡県でランキングを作成してみると、ハダカイワシ科やソコダラ科といったいわゆる深海魚のグループも上位に食い込んでくる。それほどまでに静岡県の深海環境は、豊かだ。

静岡県の深海といえば、駿河湾だ。最大水深が2500メートル近くにも及ぶこの湾は、日本最深の湾としてよく知られる。奇妙キテレツな姿をした深海生物や海底に沈めた誘餌をむさぼる巨大な深海ザメなどの映像がテレビ番組でも紹介され、今やお茶の間では駿河湾はすっかり深海の代名詞的存在となった【図2⑯】。

駿河湾北側のすぐ先には、日本最高峰の富士山がある。他県に類を見ない6000メートル以上もの高低差を、駿河湾口に向けて駆け降りる。海底地形図を見ると、沿岸付近から崖のように深みへ落ち込む地形が所々にある。波打ち際のすぐ先が、深海なのだ。駿河湾奥に程近い三保半島などはそうした場所の1つで、とくに冬の早朝など、浜に打ち上げられた深海魚を見かけることもよくある。

世界最大の甲殻類であるタカアシガニや、国内では駿河湾でのみ漁獲対象とされている特産のサクラエビなどは、豊かな深海環境を象徴する水産物だ。海洋生態系の上位捕食者であるサメも、64もの種が駿河湾から確認されている。とくにその深海性種の多さは、彼らを育むこの水域の餌資源の豊富さを示すものであり、すなわち深海環境の豊かさを物語るものである。

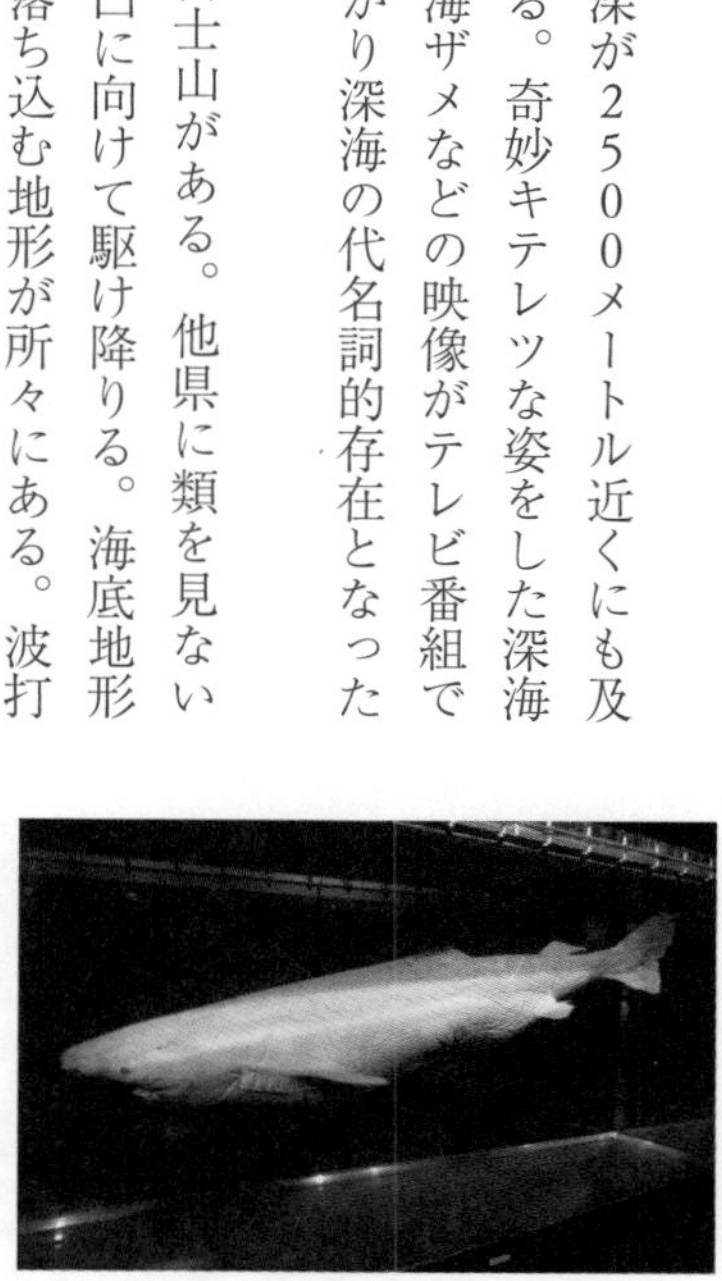

図2⑯　全長約2.8mのオンデンザメ未成魚

ただ、深海の様子を探ることは容易ではない。多くの生息生物の種多様性や生態などに関する私たちの知識は、いまだ断片的だ。未知は神秘性をまとう。異形の深海生物にばかり注目が集まりがちではあるが、お茶の間から研究者まで、深海に向けられる熱い視線は止まるところを知らない。

ふじのくにの海と未来

冒頭で静岡の海を日本の縮図と書いた。この「縮」の意味するところは「縮小」ではなく「濃縮」である。東アジアの島国である日本は、6852もの島々が南北に弧状に連なり、亜寒帯から亜熱帯まで幅広い気候帯を縦断するという特異な地理的特性を示す。そんな日本に見られる生物や生態系の「濃縮」感が、静岡の海には強い。

北の魚のイメージが強いサンマだが［図2⑰］、1859年に新種として世界に発表されたきっかけは、ペリー来航の際に伊豆半島の下田でスケッチされた一枚の絵だった。その一方、南の島のサンゴ礁やマングローブ帯で見かけるような熱帯・亜熱帯性魚類の幼魚が南方から黒潮で運ばれてくることにより、夏

図2⑰　伊豆半島産サンマの干物

から晩秋にかけて県内各地の沿岸で当たり前のように見つかる［図2⑱］。静岡の海は、幅広い気候帯を示し、極端な高低差や多彩な沿岸環境の中に、さまざまな生物が豊富に暮らしているのだが、海岸線の長さでは日本全国の2％にも及ばない。「濃縮」感は、ここから生まれる。

県内の遺跡からは、大きなハマグリの殻やタイの骨などが大量に出土する。静岡県公式ホームページ（ウェブサイト）の「Myしずおか日本一」というページには、キハダ・カツオ・マアジ（養殖）・サクラエビ・タカアシガニといった漁獲量・収穫量日本一とされる水産物がずらりと並ぶ。今も昔も、人はこの地の豊かな海の幸に育まれている。

しかし近年、駿河湾特産のサクラエビの漁獲量は激減し、日本人が愛してやまないニホンウナギも、絶滅危惧種として扱われる事態に陥った。それぞれ乱獲や生息環境の悪化など、さまざまな原因が挙げられているが、その大半は人間活動の影響によるものだ。対策が講じられつつあるものの、残念ながらいまだ十分な資源量回復には至っていない。

水産有用種以外にも危機は迫る。例えば駿河湾奥や西岸の砂利浜では、近年の海岸浸食により、スキマ好き生物の生息地縮小が進んでいる。この地の砂利浜は、安倍川や富士川などの急流河川が排出する大量の土砂によって形成され

図2⑱　伊豆半島産フウライチョウチョウウオ（幼魚）

るが、その供給が、河川内での土砂の大量採取や土砂災害を防ぐための砂防堰堤（砂防ダム）設置などにより減ってしまったのだ。豊かな幸に恵まれる汽水域も人の生活の場に近い場合が多く、影響を受けやすい。海洋プラスチック汚染に代表される海洋投棄物の問題も、沿岸だけでなく、沖合や深海にまで影響を及ぼす。

駿河湾を望む小高い丘の上にあるミュージアムからは、好天の日には穏やかな海が望める［図2⑲］。しかしその水面下で何が起きているかは、陸上動物である私たちには見えづらい。「母なる海」がこれからも豊かであるため、私たち一人一人に何ができるだろうか。

図2⑲　ミュージアムから望む駿河湾

豊かな陸上生態系と生態系サービス

静岡県には、東西に長い複雑な地形・地質と標高差が生み出した多様な自然環境がある。高山帯から海岸までの間には、その高度や地形、日照条件、人の手の入り方の違いによって、異なる生物がすむ、さまざまな生態系が存在し、そこに生息・生育する生物たちがそれぞれに食う――食われるといった関係性でつながり、豊かな生物多様性を見ることができる。また、私たちの暮らしも、こうした自然環境の恵みを受けている。黒潮の影響を受けた温暖な気候を生かした米、ミカン、お茶、ワサビ、イチゴなど農産物の栽培に加えて、水産資源の豊かさで全国的に知れ渡っている。さらに、豊富な湧水を利用した工業・産業も発達している。

ただし、恵まれた自然環境も有限な資源であることを忘れてはならない。先に触れたように近年、駿河湾深海のサクラエビの記録的な不漁が続いている。その原因には、捕り過ぎや地球規模の海洋環境の変化の他、富士川の汚染や富士川流域の植林の問題も取り沙汰されている。検証はこれからだが、そうした原因が推察されていること自体、海の中の現象が陸上とつながっていることを端的に示している。

また、リニア中央新幹線の南アルプストンネル工事に伴って、大井川水系の水量減少が心配されている。時代の移り変わりとともに私たちの生活スタイルや自然との関わり方が変化していく中、私たちは開発と保全にどう折り合いをつけて、静岡県の恵まれた（しかし限りある）自然環境と付き合っていくべきかが問われている。

私たちは自然から無償の恩恵を受けて生きている。ともすれば、これらはすべてタダで使い放題と思いがちだが、実はそうではない。自然の恵みが失われてしまえば、そこには経済的な損失が生じる。そして、恩恵を人為的につくり出そうとするなら莫大なコストを要することになる。ふだん意識することが少ない生物多様性や健全な生態系の重要性を示すために、自然の恵みを「生態系サービス」として位置付ける考え方が一般的になりつつある。

21世紀を迎えた２００１年から２００５年にかけて、国連主導で「ミレニアム生態系評価」が実施された。世界中の生態系が現在どのような状態にあり、それらが食料・健康・安全などの人類の福利にどのように貢献しているかを示し、同時に抱えているリスクや展望を取りまとめた。そこでは、この生態系サービスの重要性がクローズアップされ分析されている。

生態系の機能が健全に働くことで人類には、食料の供給、気候の安定、災害の抑制など、多岐にわたるサービスが提供される。その１つに昆虫などによる植物の送粉機能がある。農作物を含め多くの植物に果実が実り、種子ができるのは、花粉が雄蕊《おしべ》から雌蕊《めしべ》に運ばれるからで、多くの場合、それを担うのはハチ類に代表される昆虫である。日本にとって送粉昆虫の経済効果は、年間４７００億円、静岡県だけでも１００億円を超す。

仮に、地球から送粉昆虫が消えてしまったら、一部を除き植物は種子（次世代）を残せずに絶滅してしまう。植物が激減すれば大気中の酸素も減り、動物にも影響を及ぼすことは間違いない。生物は複雑な関係でつながっているから、ある生物が消えることで、連鎖的に他の生物が影響を受けると予測される。ジグソーパズルのピースが１つや２つ抜けているうちは、まだ元の絵がなんであるかは分かるだろうが、ピースの大半が失われてしまえば、元の絵を作ることは難しい。生態系のピースはいくつまで失われても大丈夫なのだろうか？　生物種の絶滅という事象は、そうしたことに結び付く大問題なのである。

生態系サービスについては、ミュージアムで交わされた対話の中で印象的なエピソードがある。ミュージアムで行われたある講演でのこと。生態系サービスという言葉が語られたとき、安田喜憲館長が激しく反応されたのだ。曰く「生態系サービスは人間本位の勝手な考え方である。自然から収奪することしか考えていない西洋的な価値観であり、日本人はそんなことを言ってはいけない」。ミュージアム研究員に詰め寄るような剣幕であった。

安田館長と研究員の間で、その後も対話する機会があったが、館長は決して譲ることはなかった。自然、生物たちは人間にサービスするために存在しているのではない—。その主張は、生態系サービスの恩恵の視点から生物多様性の重要性、保全の必要性について語りがちな私たちの思考に一石を投ずるものだった。生物多様性には生態系サービスだけではない、もっと根源的な大切さがある。館長との対話は、その根源的なものを考えていくための契機になった。

安田喜憲館長は、遺跡などから出土する花粉分析を手初めに「環境考古学」を提唱するとともに、湖底堆積物である年縞の研究を進め、日本がその分野で世界をリードする礎を築いた。また、ユニークな文明論を展開し、縄文時代の暮らしが、世界に誇るべき持続的な生活様式であることを提示された。川勝平太静岡県知事の招聘でミュージアム基本構想検討委員会の委員長を務めた後、初代館長に就いた。

ふじのくに地球環境史ミュージアムの成立は安田館長を抜きには語れない。まず、館の目的の主軸として、研究を打ち出した。これは地方自治体が運営する博物館では異例である。さらに、自然から恵みを収奪するだけの物質に依存した文明から脱却し、循環する生命をその根本に置き精神性を重視する「生命文明」の構築を提唱し、その思想をミュージアムの展示や活動の底流に据えた。その安田館長に喝破された「生態系サービス」の概念の妥当性や背景についてはひとまずおくとしても、人類が生物多様性を基盤とする生態系から恩恵を受けていることは否定しようがない。

人がつくった里山の生態系と茶草場農法

展示室4では、水田のイネから始まる複雑な食物連鎖を「里山生態系の食物網」として表現している。河川の後背湿地や谷地の谷津田に成立する水田は、湿地の代替生育地として水辺の生物を育んできた。例えば、森田弘彦氏（元秋田県立大学教授）によれば、ミズアオイなどの水田に生育する雑草は210種以上も知られている。さらに、水田とその周囲の水路などは、タガメ、ゲンゴロウなどの淡水性の昆虫類、カタヤマガイなどの淡水貝類、カワバタモロコなどの魚類をはじめ、多様な動植物のすみかをつくり出している。そして、これらの生物がトノサマガエル、ギンブナ、ゴイサギなどに食べられるという食物網（食物連鎖）を構築している。

この「食う―食われる」という生物の食物網のつながりに加えて、水田は自然と人との結び付きによって、里山の生物を育むことに貢献してきた。1つにはかつては里山の落ち葉などを水田へ投入する有機肥料として使っていたからだ。

昔話の桃太郎は、「むかしむかし　あるところに　おじいさんと　おばあさんが　すんでいました。おじいさんは　山へしば刈りに、おばあさんは　川へ洗濯に」というくだりから始まる。ここでいう「柴刈り」とは、たきぎや小枝をとることで、「芝刈り」（芝生の手入れや草刈り）ではない。桃太郎にみられるように、かつては洗濯と同じように日々の当たり前の行為として、山へ柴刈りに出かけ、里山を使っていたことが分かる。

里山は人が切り開き、管理することで生まれた自然であり、そこには人と自然の良好な関係が存在していた。高度経済成長期に至る、ほんの数十年前までは良好な里山が全国に残されていたようだ。しかし現在、生活や農業の近代化、都市化や過疎の進行に伴って、里山の雑木林や草原は管理が放棄され、豊かな自然が失われつつある。例えば、静岡市葵区の谷津山では、土地所有者の高齢化などによって管理ができなくなり荒れた竹林が広がった。そこでボランティア団体が主体となって、竹林伐採後の若竹伐りや草刈りなど、里山の保全と復元に取り組んでいる［図2⑳］。この事例が示すように、良好な草原や里山も手

図2⑳　政令指定都市静岡市の中心に位置する谷津山

入れをしなければ急速に劣化し失われてしまう。その結果、草原や里山に生育し、かつては全国で普通に見られた種類が絶滅危惧種となっている。

一方で、静岡県には自然環境と調和しながら管理され、絶滅危惧種が数多く生育する環境と美しい景観が保たれている事例もある。それが茶草場農法である。静岡県は日本一のお茶の栽培面積と産出額を誇っている。中でも県中西部では、茶畑に刈り取ったススキやネザサを敷くことで品質の高いお茶を生産する、独自の伝統農法が実践されてきた。この刈敷のために維持される草地を茶草場とよぶ［図2㉑］。秋（11月〜1月）に刈り取ったススキやネザサなどの茶草を積み上げて乾燥させた後［図2㉒］、冬の茶畑に敷く。秋の七草として知られ、かつて普通に見られた植物のうち、キキョウ、フジバカマの2種は絶滅危惧種に挙がる。しかし、茶草場農法では手間をかけた伝統的な営みによって、これらの生育環境を維持し続けており、かつての身近な生物を普通に見ることができるのだ。「静岡の茶草場農法」は2013年、国際連合食糧農業機関（FAO）によって世界農業遺産に認定された。

茶草場にはどんな植物が生育しているのだろう。稲垣栄洋氏（静岡大学教授）、楠本良延氏（農研機構上級研究員）、杉野孝雄氏（NPO法人静岡県自然史博物館ネットワーク）によると、世界でも静岡県の草原のみに生育するフ

図2㉑　茶草場の景観

図2㉒
茶草であるススキやネザサを乾燥させる刈干《かっぽし》

ジタイゲキ［図2㉓］をはじめ、ササユリ、リンドウ、ホトトギス、ワレモコウなどの草原性の植物が豊富に見られ、その数は草原性の植物だけで300種にも上っている。さらに、丹野夕輝氏（株式会社エコリス）によると、茶草場の耕作履歴によって生育する植物の種類が違うという。傾斜のある法面など耕作履歴がないまま、伝統的に維持されてきた茶草場では在来希少種が多く生物多様性が高い一方、耕作放棄された水田跡地など耕作履歴のある農地を活用した茶草場には在来種だけでなくセイタカアワダチソウやナギナタガヤなどの外来種も入り込んでいる。この事実は、営々と築き上げてきた里山における人と自然の関係は、一朝一夕に生まれるわけではないことを示している。

茶草場を生活の場としている昆虫、動物についても、予備的な調査では、希少なカケガワフキバッタ［図2㉔］、オオチャバネセセリ、カヤネズミなどが確認されている。手間暇かけた茶草場農法が仮に引き継がれてこなかったら、これら希少な生物も行き場を失っていたに違いない。

静岡県には、茶草場農法に匹敵するような営みや環境が、まだまだ人知れず発見される日を待っているのかもしれない。実は、世界農業遺産「静岡の茶草場農法」について、これほど多くの貴重な生物の存在を支えているとは、つい最近まで誰も気が付いていなかったのである。

図2㉓　静岡県固有亜種フジタイゲキ

図2㉔　静岡県固有種カケガワフキバッタ

２０１８年に世界農業遺産に認定されたばかりの「静岡水わさびの伝統栽培」も数々の生物を育んでいた。清流を好む水生昆虫や魚類、淡水巻貝、それらを捕食するハコネサンショウウオなどの両生類や鳥類など多様な水辺の生き物が生息することが吉成暁氏（いであ株式会社）らの研究によって明らかにされた［図２㉕］。わさび田にこのような高い生物多様性と複雑な食物網が構築されている理由は、豊富な湧水をかけ流しにすることで除草剤や殺虫剤などの農薬、化学肥料はもちろん、有機肥料さえもほぼ使わずにワサビ栽培が可能なためであろう［図２㉖］。

ＩｏＴやＡＩ、ロボット産業、自動運転など、産業界において人手をかけない効率的な生産方法が競争力を高めることは疑いの余地はない。農業もその例外ではなく、大規模化、画一的栽培、農業ロボット、農業用ドローン、ＡＩ農業、スマート農業といった言葉に表されているように、人手をかけない効

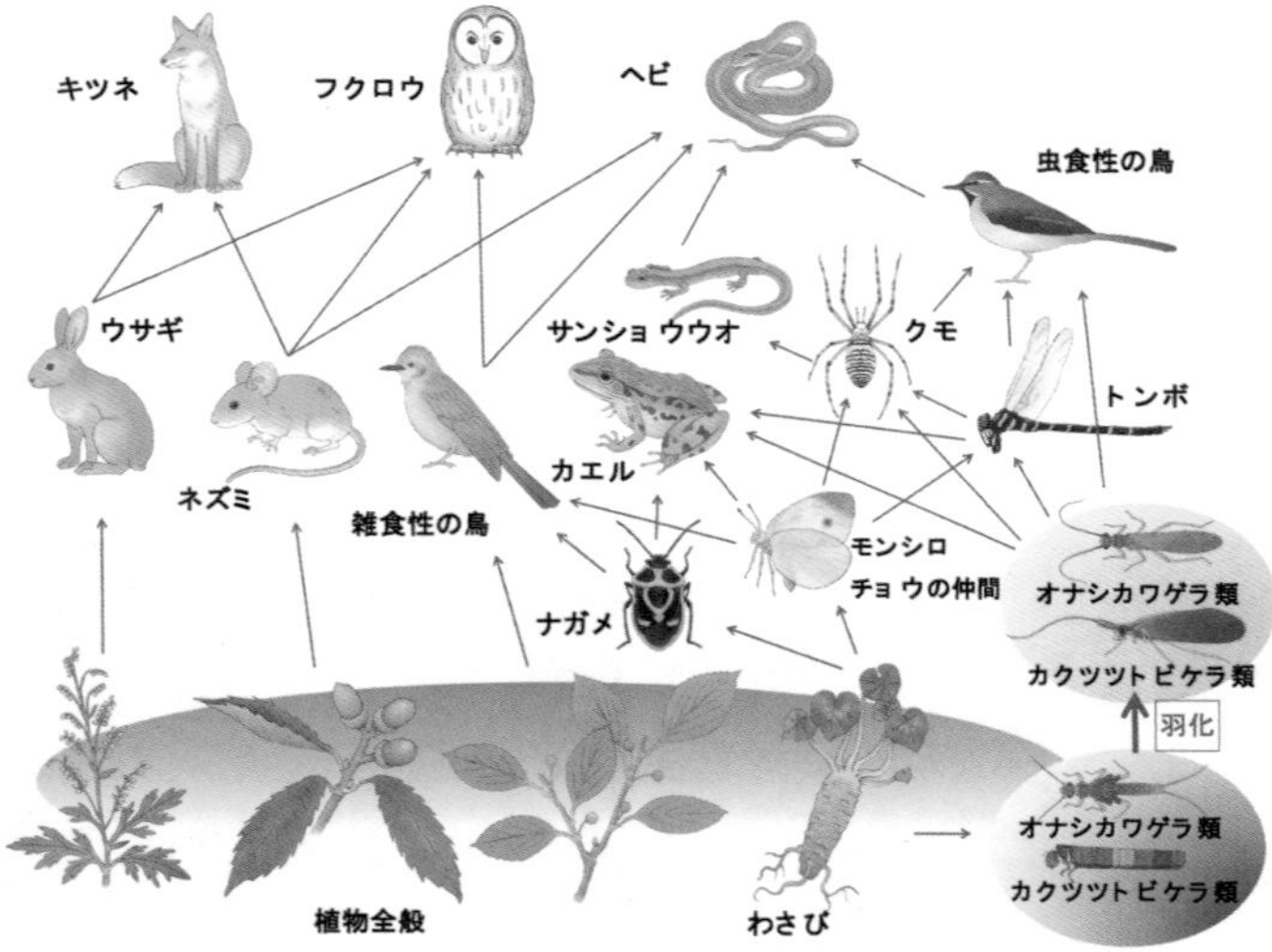

図２㉕　わさび田の食物網

率的な生産へのシフトが進む。一方で、全国の農地面積が年々減少を続ける中、有機栽培農家は漸増傾向にあり、消費者の安全・健康志向や環境保全に対する関心の高まりは確実に増しつつある。そして、これまで見向きもされなかった丁寧に手間暇をかけた、伝統農法に対する再評価の動きも始まっている。伝統的手法は結果的に生物多様性を守ることにつながっていることも理解されつつあるようだ。

時代とともに私たちの生活スタイルは変化していく。しかし、伝統農法で生産された、おいしくて安全な農産物を私たち自身が選んで買うことによって、伝統、文化、自然環境、生物多様性、そして景観を間接的に支えることができるのではないだろうか。

静岡県川根本町で茶草場農法を実践する土屋鉄郎氏と土屋裕子氏は、次のように語る。「昔話では、おじいさんは山へ柴刈りに行きますが、私たちはお茶栽培のために山へススキ刈りに行きます。ススキもシバ（芝）も同じイネ科植物なので〝芝刈り〟です。きっと昔話でも、おじいさんは柴刈りだけでなく、芝刈り（ススキ刈り）も行っていたと思っています」

芝刈りによって成り立つ茶草場農法では、お茶のおいしさと生物の多様性が同時に守られている。百年後も静岡県がお茶とワサビの産地であり続ける限り、

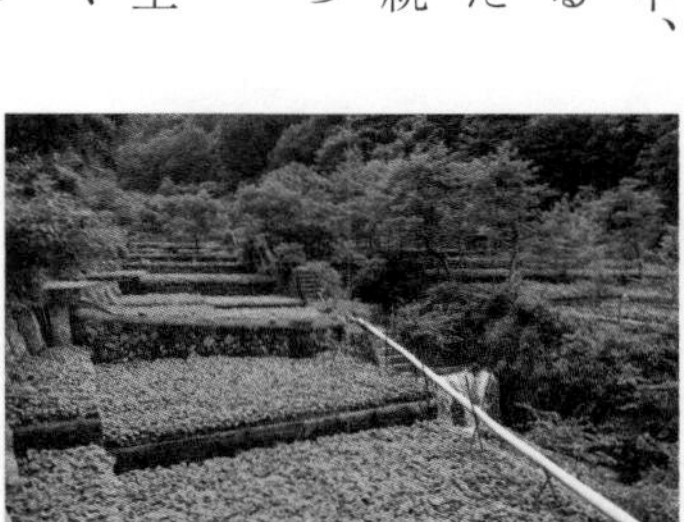

図2㉖　わさび田の景観

副次的に静岡県の里山の生物も守られていくことだろう。静岡県の恵み豊かな自然環境を理解して上手に活用することは、ミュージアムが標榜する「百年後の静岡が豊かであるために」の実践に向けた1つの答えであり、そのヒントは私たちの身近な生活や文化、生物の中に隠されている。

外来種が変える生態系

展示室4の田んぼをめぐる食物網には、オオクチバス、アメリカザリガニ、スクミリンゴガイ、アイオオアカウキクサなどの外来種が並んでいる。ブラックバスと呼ばれることの多いオオクチバスは、北米原産の魚食性の淡水魚で、在来の魚種を捕食し、その数を減らしてしまう。滋賀県琵琶湖ではアユやホンモロコといった水産上重要な種への影響も引き起こしている。やはり北米原産のアメリカザリガニは水草や水生昆虫への影響が大きく、静岡県内でも桶ヶ谷沼（磐田市）に生息する絶滅危惧種のベッコウトンボなどへの影響が問題となっている。

ジャンボタニシとも呼ばれるスクミリンゴガイは、南米原産で毒々しい赤色の卵が田んぼや用水路に見られ、若いイネの苗を加害し農業被害を引き起こす。人工雑種のアイオオアカウキクサおよび中南米などが原産の水生のシダ植物であるアメリカオオアカウキクサは、水面に繁茂することで水中に入る光を遮り、水生生物に影響を与えるほか、絶滅危惧種であるアカウキクサなどの在来種と競合し、その生育場所を奪ってしまう。

このほかにも、静岡県、そして日本各地の生態系に数多くの外来種が侵入しており、その中には在来種の生息を脅かし、人間活動に影響を及ぼしているものも数多い。日本全体では動物で約800種、植物では1500種以上が日本に定着している。静岡県では動物の種数はいまだ集計されていないものの、植物については651種がリストアップされている。外来生物がさまざまな被害を起こしていることは従来から知られていたが、20世紀後半以降、そのリスクが改めて世界的に強く認識されるようになった。日本でも「特定外来生物による生態系等に係る被害防止に関する法律（外来生物法）」が2005年に施行された。この法律では生態系などへの被害を認められる生物を「特定外来生物」に指定して、その種の飼養、栽培、保管、運搬、輸入などを規制して、防除を行うと定めている。2020年11月現在で156種類が特定外来生物に指定され、そのうち37種類が静岡県で発見されている。

外来生物とは（意図的か非意図的かを問わず）人為的に自然分布域外から連れてこられた生物のことで、必ずしも外国からやってきた生物だけを指すのではない。国内でも元々いなかった場所に人間によって持ち込まれ、定着したものは外来生物である。例えば元々北海道にはいなかったカブトムシは、ペットとして飼われていたものが逃げだしたり、放されたりしたため、現在では道内各地でその姿が見られる。カブトムシは本州以南では在来種であるが、北海道においては外来種であり、「国内外来種」と呼ばれる。外来生物法は取り締まりのため、国境を越えてやってくるものを特定外来生物に指定している。国内の移動規制を監視するのは難しく、限界があるからだ。

外来生物で大きな話題となったのが、2017年日本への侵入が始まったヒアリである。元々南米原産で1930年頃には北米に入り、じわじわと北アメリカ大陸での分布を拡げていたのだが、21世紀になって経済・物流のグローバル化に伴って太平洋を越え、台湾と中国本土に侵入した。体長2・5～6ミリメートルほどで、強い毒を持ち、腹部の先端に備えた毒針で人を刺す。刺されると腫れやかゆみ、蕁麻疹が起きるほか、アナフィラキシーショックによる心臓への負担や呼吸困難を引き起こし、時には死に至ることもある。人体への危険もさることながら、農作物をかじる、家畜を刺す、電気機器の内部に入り込みショートを引き起こすなどの経済的被害とともに、在来のアリや小動物などとの競合・捕食による生態系への甚大な影響が、米国を中心に数多く報告されている。

これまでに日本各地の港や輸入事業者の敷地内で確認され、ほとんどは中国本土からのコンテナに便乗してやってきたらしい。静岡県でも2017年8月に清水港でヒアリが発見された。コンテナヤードで巣を作っているのが見つかり、すぐに駆除された。ヒアリは2020年秋現在、日本国内での定着は確認されていないが、国内での巣の発見が後を絶たず今後も警戒を要する、日本への定着を決して許してはならない外来生物である。

近年、外来生物に関する報道やテレビ番組なども増えて、一般的な認知度は高まり、駆除に対する理解も深まっているかに見える。とはいえ、「なぜ外来種の駆除が必要なのか?」「外来種にも命があるのにかわいそう」「悪いのは人間で、外来生物を殺すのは人間のエゴではないか」などの声がしばしば聞かれる。なぜ外来生物を駆除しなくてはならないのだろう?

外来種の中でも問題となるのは、生態系や私たちの健康・生活・経済などに影響被害を及ぼす侵略的外来生物(IAS: Invasive Alien Species)だ。ヒアリの例を見れば明らかなように、そもそも生息していなかった場所に、持ち込んだ生物が、顕著な被害をもたらすのであれば、それを駆除することに誰も異論はないであろう。要は「外来種であることが悪い」のではなく、「被害を及ぼす」から駆除が必要なのである。

さらには、被害を与える対象が、私たち人間の暮らし全般に関わることなら、分かりやすいのだが、これが生態系ということになるとなかなか見えにくい。どんな外来生物でも、そこに存在するだけで、何かしら在来生物を圧迫していることが考えられる。外来植物が生えている場所に、本来ならば、別の在来植物が生育し、その地の養分を吸収して生きていくことができたのかもしれない。ましてや地を覆うように繁茂する種で、他の植物の侵入を許さないようなものであればなおさらだろう。ここで「侵略的」というのはその被害の程度が大きく、放置しておくと取り返しがつかなくなる可能性が高いものだ。

例えばアメリカザリガニ。子どもたちの人気者で、年配の方でも幼少の頃に釣って遊んだ思い出があり、自然とのふれあいの象徴のようなイメージを持つ人も多いかもしれない。しかし、この種は紛れもない侵略的外来種である。在来生物が豊富で生物多様性が高い池にアメリカザリガニが侵入すると、水草を始め、トンボの幼虫やゲンゴロウ類など水生昆虫も絶滅し、景観を一変させてしまう事例がいくつも知られている。

伴侶動物として私たちの心を癒やしてくれるネコは、９５００年前にはすでに人間と暮らしていた証拠がある。ただ、野生化するとたいへん優秀なハンターとなり、特に島のような閉じられた生態系では、その地の在来種を食い荒らしてしまう危険性がある。奄美諸島におけるアマミノクロウサギ、沖縄島におけるヤンバルクイナなどは、ネコの捕食によって絶滅が危惧されているし、オーストラリアではすでに１００種以上の鳥類、50種以上の哺乳類、50種の爬虫類の他、多くの両生類や無脊椎動物がすでにネコにより絶滅させられた。

このように、外来生物が自然界に解き放たれると、地域の生物種の絶滅を引き起こし、生態系の構造を変えてしまうことが往々にしてある。それらを持ち込むのが人間である以上、外来生物の問題は人間が引き起こしているものだ。命を奪うことがかわいそうだからと情緒的になって、放置しておくわけにはいかない。

第三章

歴史にみる自然と人のバランス

展示へのこだわり

展示室5には、シーソーを模した、学習用の椅子で形づくられた展示台に、人の暮らしと自然を表すジオラマが配置されている［図3①］。展示台は4つあり、それぞれ縄文時代、弥生時代、江戸時代、現代の人と自然が対置されている。そして、各時代に対応して壁面に解説文と写真が掲げられている。入り口に近い縄文時代から奥にある現代の展示台を眺めると、シーソーの傾きによって、時代とともに変化する人と自然の関係性を直観的に感じ取ることができる。壁面の解説パネルも、展示台に合わせるように傾いていて、進んでいくうちに来館者の心に不安を帯びた違和感が浮かび上がっていく。壁面の強いメッセージは、展示室の空間全体で当館のコンセプトが真っすぐ来館者の心に刺さるよう設計されている。

「ふじのくにの環境史」と名付けられたこの部屋は、過去から現代までの人と自然の関係を見つめ直してみよう、という私たちの問いかけを表現している。来館者アンケートの回答をみると、最も印象に残る展示室と認識されていることが分かる。当初、安田喜憲館長からは「さみしい部屋」と酷評され、展示標本を設置するようにと指示された経緯がある。スタッフはそれをよしとせず、

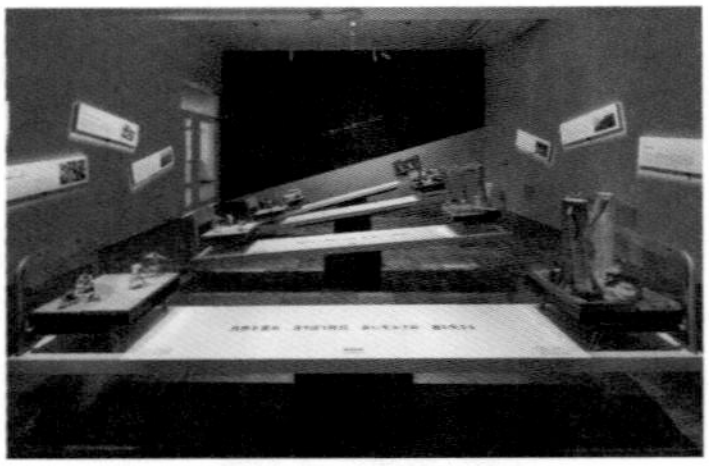

図3①　展示室5「ふじのくにの環境史」

展示標本は増やさなかった。後日、展示室に対するこだわり、考え方が関係者を含め内外から高く評価された。開館後、館長自身が以前の評を翻し、放送大学のある特集番組内で、「この部屋が一番のお気に入り」と語ってくれた。

日本人となる人が到来した旧石器時代

展示は縄文時代から始まっているが、本来はその前の旧石器時代についても触れなくてはならなかった。なぜなら、静岡県も含めて日本列島で人類史が始まるのは、約3万8000年前の旧石器時代だからである。旧石器時代の展示が外れた理由は単純明快、予算とスペースがなかったからだ。展示室は限られ、すべての時代を均等に展示することはできない。やむを得ず、ミュージアムではより特徴的な4つの時代を選ぶことになった。とはいえ、やはり旧石器時代が重要であることに変わりないので、2017年冬の企画展で取り上げた。常設展示は一度製作してしまうと、さまざまな制約（費用対効果など）から大幅な更新、刷新を行うことは難しいが、企画展にはそれを補える利点がある。これも博物館運営の面白さであろう。伝えたいことを表現できる、いい職業を選んだと研究員・学芸員が実感するのは、企画展をつくっている時が多い。

話を戻そう。まずは日本列島の旧石器時代から見ていく。私たちホモ・サピエンスはアフリカで誕生し、進化してきた。約20万〜6万年前のアフリカに出現し、現代人的行動の証拠を考古遺跡に残すようになる。「出アフリカ」を果たしたホモ・サピエンスは、ユーラシア大陸を経て日本列島へ到達する。

静岡県では愛鷹・箱根山麓と磐田原台地を中心として、旧石器時代からの活動の証拠が見つかっている。愛鷹・箱根山麓には、古富士火山と新富士火山の噴火により生じたスコリア層と、噴火が沈静化した時に発達した有機物を含む黒色帯が交互に重なる地層が見られる。その地層上部から下部にかけて連続的に遺物が見つかるため、日本でも屈指の旧石器時代の様子を示す調査地となっている。

愛鷹・箱根山麓では、黒曜石が石器の原材料として使われていた。これは、チャートや頁岩《けつがん》などを頻繁に使う磐田原台地の石器とは異なる傾向である。静岡の東西文化の違いは、実は旧石器時代から始まっていた、ということかもしれない。黒曜石は、岩石の化学組成を調べる蛍光X線分析によって、その産地を推定することができる。日本の黒曜石産地は極めて限られている。分析の結果、愛鷹・箱根山麓には、主に伊豆の天城柏峠や神津島などから運ばれていた。この地域の遺跡調査では、出土した黒曜石すべてを産地判別している。

人類が食料などを得るために野生の動物を捕まえる「狩猟」は、人類の最も古い生業の一つであり、旧石器時代の主要な活動であった。日本列島の旧石器時代の地層から見つかる台形様石器やナイフ形石器は、槍先として、尖頭器や細石刃は突き槍や投槍に使用されたと考えられている。狩猟の方法はいくつかあるが、大きくは二分される。落とし穴猟や罠猟のような「待ち」の狩猟と、槍を用いる「攻め」の狩猟だ。黒曜石を材料にした道具が多数見つかるということは、寒冷気候（氷期）において、貴重な栄養源となる動物群をこれらの武器を使って捕え人類が旧石器時代を生き抜こうとしたからであろう。

静岡県では、愛鷹・箱根山麓の旧石器時代の地層から動物を捕獲するために掘った落とし穴の遺構が多数見つかっている。それは、3万4300〜3万3500年前ごろのもので、大きさは平均で直径1・4メートル、深さ1・3メートルほどである。初音ヶ原《はつねがはら》遺跡（三島市）からは合計60基見つかり、それらは山の尾根上に4つの列をなして発見された。追い込み猟もしくは待機猟によって動物を落としていたとみられる。このような古い時期の落とし穴は、世界ではほかに見つかっていない。

旧石器時代の人々は、1カ所に定住するのではなく、獲物の動物群を追うため遊動的なキャンプ生活を送っていた。そのため、テントのような簡易な平地住居に住んでいたと考えられている。キャンプ跡には、石器や炉跡が残されており、石器製作や食物の調理が行われていたことが分かる。石器は、「環状ブロック」と呼ばれる、円形にまとまった形で見つかることが多い。おそらく、キャンプ生活において円形に配列したテントの近くで、石器製作が行われていた。この時代の人々のキャンプ生活は短期間で遊動し、石器製作や動物の解体や調理を集団で行っていたと推測されている。
土手上《どてうえ》遺跡（沼津市）の第一地点の環状ブロックからはたくさんの黒曜石が見つかっている。黒曜石の分析から、原産地は神津島恩馳島《おんばせじま》（東京都）、天城山柏峠（静岡県）、箱根山畑宿（神奈川県）、箱根山黒岩橋（神奈川県）、諏訪星ヶ台（長野県）、蓼科冷山（山梨県）などである。多様な場所から運ばれて使われていたようだ。

旧石器時代の人々が身に着けていたものを知るヒントも出土している。旧石器時代の装身具は全国的に見ても発見例が数少ないが、静岡県駿東郡長泉町の富士石遺跡からは、大変稀少な旧石器時代のペンダントが見つかっている。大きさは長さ91、幅35、厚さ15ミリメートルで、灰白色の流紋岩からできている。中央上部に約4ミリメートルの穴が開いていて、ひもを通したとみられる。側面には、横方向に約4〜6ミリメートルの間隔で14本の線刻がある。上側の9条は側面から前後面まで線刻が達しており、下側の5条は側面のみに線刻がある。このように、石に一定の刻みを作ることは、抽象的な思考ができる現代人的行動を示している。旧石器時代の人々がまさにホモ・サピエンス（知恵のある人の意）であった証拠ともいえよう。

本州唯一の旧石器時代の人骨も静岡県から見つかっている［図3②］。発見

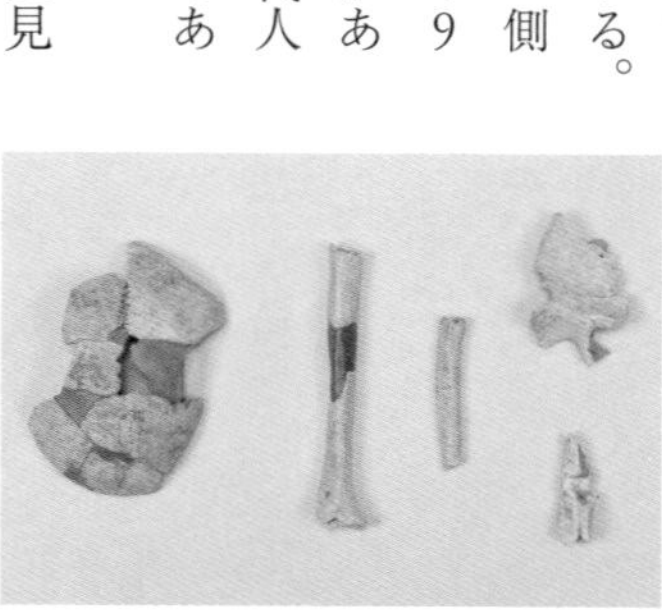
図3②　浜北人骨（レプリカ：当館蔵）

場所は、浜松市浜北区の根堅《ねがた》遺跡であり、見つかった人骨は、「浜北人骨」と呼ばれている。1962〜63年に行われた東京大学理学部人類学教室・地質学教室の調査によって、岩水寺《がんすいじ》の石灰岩採掘場から発掘された。地層の上層で見つかった人骨の部位は、それぞれ頭骨片、右上腕骨、右尺骨、右寛骨片、右鎖骨片、頬骨片である。これらの人骨は、若い成人女性であったと推定されている。地層下層からは右脛骨片が発掘されている。放射性炭素年代測定の結果、上層の人骨は約1万7500〜1万6500年前、下層は約2万1900〜2万1500年前のものだった。旧石器時代の人骨は、静岡県の浜北人骨以外には、沖縄島と石垣島などの南西諸島でしか見つかっていない。本州唯一の旧石器人骨は、日本人の起源を考える上でも貴重である。

当時の日本列島の人口は、2000〜3000人であったと試算されている。

自然も精神も豊かな縄文時代

シーソー形の展示台では均衡に表されている縄文時代。その縄文時代の始まりは土器の出現によって定義され、おおよそ1万6500年前である。縄文時代草創期には土器を用いて、食物を煮炊きしていた。仲道A遺跡（伊豆の国市）からは、1979年と1983年の発掘調査で草創期後半に属する多縄文系土器が数多く見つかっている。草創期における土器の出現は、旧石器時代と縄文時代間の、人類の環境利用の大きな変化を示している。縄文時代が始まったころは、日本列島も含めて地球全体が氷期の終末期、寒冷な時期であった。それが約1万1700年前を境にして、気候は温暖化へと転じる。その結果、気温は上昇し海面も上昇し始める、現在に近い温暖な間氷期を迎えた。植生も回復して、日本列島全体に豊かな森が広がった。森は常緑広葉樹のタブノキやスダジイなどで構成される深い森であったようだ。

縄文時代の狩猟は、旧石器時代から使われている槍に加えて、弓矢を使って行われるようになった。弓矢は森林の中で中・小型の動物を素早く正確に射止めるために誕生した。矢の先端に付ける、小さくて精巧な石鏃が多くの縄文遺跡から見つかる。縄文時代後期の神明原《しんめいばら》・元宮《もとみや》川《がわ》遺跡（静岡市）からはイヌマキでつくった丸木弓も見つかっている。このようなアップデートされた狩猟具を用いて、ニホンジカやイノシシといった哺乳類を狩猟していたと考えられている［図3③］。実際、蜆塚遺跡（浜松市）からは、石鏃の刺さったシカの骨が見つかっている。

縄文時代になると、温暖な気候の下で、人々の暮らしを支える自然が豊かになっていく。そのため、狩猟以外の採集や漁労など他の生業が活発になる。食料を得る

図3③　縄文時代から狩猟対象だったニホンジカ

ための狩猟の比重は徐々に小さくなっていったようだ。

自然環境の変遷とともに生活様式は変化していったが、旧石器時代から変わらないものもあった。それは落とし穴である。縄文遺跡からも多数の落とし穴が見つかっている。縄文時代の落とし穴は、円形の旧石器時代のものから、楕円形のものが多くなる。しかも、底面には深さ20センチメートル前後の小穴が数個開いている。ここに先端がとがった木の杭である逆茂木を打ち込んで、落ちてきた動物に刺さる仕掛けになっていたらしい。広合《ひろおや》遺跡（沼津市）からは、縄文早期末～前期の落とし穴（土坑）が16基見つかっている。土坑は、長径60～220センチメートル、深さ20～100センチメートルであり、すべての底面に小穴が開いている。縄文時代の人々の知恵と工夫が垣間見られる。目の前に広がる広葉樹林に生息した、さまざまな動物を効率よく捕らえるのに役立ったであろう。

また、縄文時代には、植物質食料が重要な食物資源となる。森の大多数を形成していた落葉広葉樹林からは、クリやドングリなどの堅果類を採集できた。清水天王山遺跡（静岡市）からは植物質の繊維で作られた網かごが見つかり、堅果類の採取や水にさらす際に使用したと考えられている。出土する石皿や磨石は、堅果類をすりつぶすための道具であるとみられ、打製石斧に加えて磨製石斧も使用され始めていた。温暖な気候の下で、豊富な植物質食料が採集され、上手に加工されて食べられていたようだ。

では、住居はどうか。縄文時代の人々は、竪穴式住居に住むようになった。竪穴式住居は、地面を掘りくぼめ、上に屋根をかけた半地下式である。国内でも珍しい縄文時代草創期の竪穴式住居が、静岡県内から見つかっている。葛原沢《くずはらさわ》第Ⅳ《よん》遺跡（沼津市）や大鹿窪《おおしかくぼ》遺跡（富士宮市）からは、押圧縄文土器の時期の住居が発掘されている。縄文時代を通して、形は円形や楕円形のものから六角形のものまで、さまざま。住居内には石囲炉が見られる。床面に平らな石を敷いた柄鏡形敷石住居《えかがみがたしきいしじゅうきょ》は、県内で12例ほど発見されている。縄文時代には季節的に変化する多様な資源を通年にわたり獲得し、貯蔵することで安定的に食料資源を確保することができるようになり、定住が可能になったと考えられる。

装身具を身に着けることは、集団への帰属を示し、邪悪なものを退けて身を守るという意味もある。縄文遺跡からは、動物の骨や土などの素材でできた装身具が見つかる。広く普及していた代表的なものとして、玦状《けつじょう》耳飾りや腕につける貝輪がある。髪飾りである骨製のかんざしや、木製の櫛も見つかっている。下野遺跡（静岡市）から出土した櫛は歯が9本あり、タブノキの木製で漆が塗られた精巧なものである。翡翠《ひすい》製の大珠などの胸飾りも見つかっている。これらの装飾品からは、縄文時代の人々の複雑な精神性をうかがうことができる。

図3④　縄文時代の狩猟と食事

縄文時代の人々は、狩猟・採集・漁労など多様なアプローチで食物を得ていた。温暖な気候環境になったことで、豊かな自然の恵みを余すことなく、しかも枯渇させないように摂取していた[図3④]。縄文時代が、旧石器時代と大きく異なる点として、植物質食料をより多く食べるようになったこと、水産資源を利用するようになったことが挙げられる。縄文時代の人びとは、広い範囲を動き回り、季節に応じて資源を獲得していたと考えられ、小林達雄氏はこれを縄文カレンダーと名付け、「多角的経済」とも呼ばれる。そして、獲物の解体や食物の調理用にさまざまな石器が開発・使用され、生で食べるだけでなく、土器を用いて煮炊きされるようにもなった。定住化できたのは、豊かな自然がもたらす恩恵と、それを枯渇させなかった縄文時代の人々の自然に対する知恵があったからであろう。それが、多様な食物利用とともに食料確保の安定につながった。

縄文時代の人骨は、静岡県西部の貝塚遺跡（遠江貝塚群）から多く見つかっている。この貝塚ではアルカリ性土壌が溶解を防ぎ、人骨が残存した。例えば、蜆塚遺跡（浜松市）からは、1950〜53年の調査によって数多くの人骨が発掘されている。人骨は27体分以上あり、どれも縄文時代後期に属する。この貝塚からはほかにも数多くの動物骨や、装飾品が見つかっている。また、西貝塚（磐田市）や、大畑遺跡（袋井市）などからも、縄文時代の古人骨が見つかっている。

そんな縄文時代の列島の人口は、最大で26万人であったとされている。

農耕の始まった弥生時代

弥生時代は、稲作によって縄文時代とは画される。その始まりは、九州北部の遺跡から見つかった土器の年代から、およそ紀元前900年ころ（約2900年前）とみられる。しかし、静岡県における弥生時代の到来は、もう少し後になる。九州から稲作が伝播するのに時間がかかったためである。弥生時代の前期に、愛知県朝日遺跡の環濠集落で、水稲耕作技術が遠《お》賀川《ががわ》式土器とともに東海地方に初めて伝播してきた。この朝日遺跡からは、いわゆる縄文人型ではない、弥生時代中期の低顔、高身長の人骨が見つかっている。そして、水稲耕作は濃尾平野まで東進していったん止まる。そして弥生時代中期になり、ようやく静岡県の地まで広がってきた。瀬名遺跡（静岡市）などから発見される水田跡や方形周溝墓《ほうけいしゅうこうぼ》、木棺墓がそれを裏付ける。後期になると静岡市内では登呂遺跡、有東遺跡、長崎遺跡、角江遺跡などで水田跡が多数見つかる。後期末では、伊場遺跡（浜松市）で環濠集落が形成される。このように、弥生時代に入り、静岡県でも、狩猟・採集・漁労から水稲耕作へと、人々の生業に大きな変化が生じていった［図3⑤］。

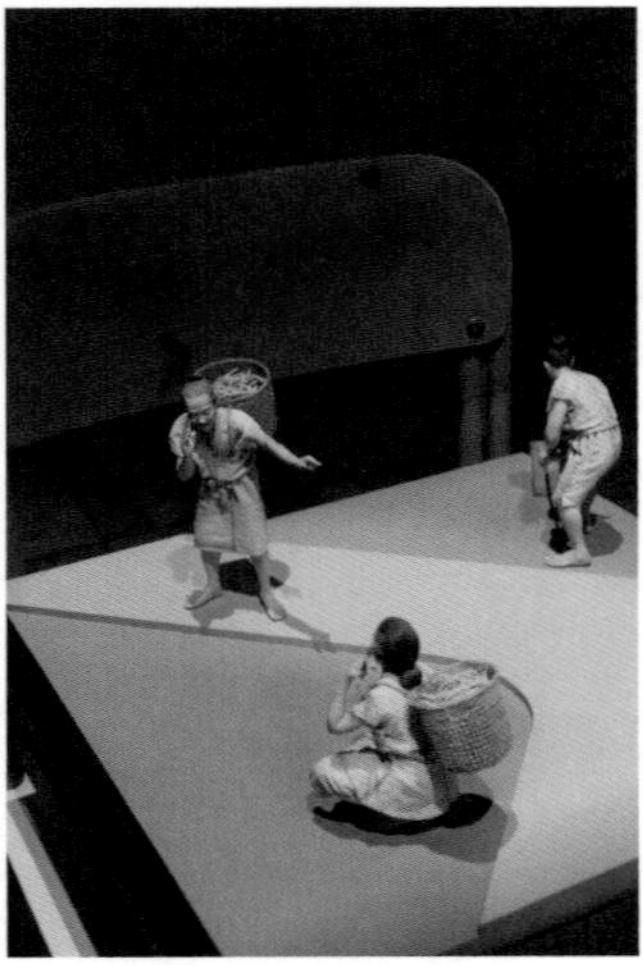

図3⑤　弥生時代にはじまった農耕

このころ、縄文時代から続いた温暖な気候は少しずつ冷涼な環境に転じ、海面の高度が安定してきた。そのため、水域が徐々に河川からの土砂によって埋まりだし、列島各地の沿岸部には広大で平坦な土地、いわゆる沖積平野が形成された。水稲耕作を行うのに最適な場所となり、森で暮らしていた人々も平野部に移動してきた。里山の原型は、この時代にすでにできていたのだ。

終戦直後の大規模発掘により、弥生時代という未知の時代の様子を私たちに初めて本格的に解き明かしてくれた登呂遺跡を事例にして、当時の人々の生活を見てみよう。集落は平野部の少し高い部分に作られた居住域と、南側の水田域とにそれぞれ分かれていた。弥生時代の4つの時期にわたって生活の遺構が見つかっている。その中で、安倍川が2回氾濫し、大きな洪水に見舞われている。しかし洪水の被害を受けたにも関わらず、その都度、水田を作り直し、生活を再開させていた。

登呂遺跡の北部に広がっていた住居は周囲に土を盛り、縄文時代に見られた竪穴住居と同じような構造をした平地式住居である。周りの土が崩れないよう羽目板を内側に並べていた。これは地下水位が高い地域ならではの工夫である。また、大切な食糧などを貯蔵するための高床倉庫の柱穴が見つかっている。それぞれ4本柱、6本柱、8本柱の構造があり、柱は地面の下に80センチメートル以上も打ち込まれ、床の高さは地表から1・3メートルほどであったらしい。また、発掘された穴の開いた板は、この倉庫の柱にはめるネズミ返しとして使用されていたことが分かっている。備蓄した食料をネズミなどの小動物に食べられないよう工夫されていたようだ。

一方、遺跡の南側の水田域は、人工的な溝で居住域と明瞭に区画されており、広大な水田が広がっていた。その数は約50面あり、一つ一つの水田の周りに水路が掘られ、きれいな水が供給されていた。水路は杭や矢板によってしっかりと護岸されており、堰によって水路に水を分けていた。遺跡からは、木製の農耕具も出土しており、カシでできた鋤や鍬、スギでできた田下駄などが見つかっている。特に登呂遺跡では、道具に加工しやすいスギの利用依存度が高く、農耕具、住居の柱、水田の畦の補強など、さまざまな用途で使用されていた。スギは、登呂遺跡がある静岡平野や周辺の丘陵部で伐採されていたようだ［図3⑥］。

縄文時代は、人々がスギを利用するのは稀であった。スギを多用するのは、弥生時代に入ってからである。スギの生育適地と稲作の適地が重なったためと考えられている。

遺跡からは食べ物の痕跡も見つかっている。炭化米が出土しており、その観察から、水稲種や陸稲種があったことが分かっている。また、稲作によるコメ作り以外にも、漁労のための丸木舟や鹿角製釣り針、軽石製浮子や石錘など

図3⑥　弥生時代に行われた伐採

も出土している。さらに、狩猟のための弓や石鏃、ニホンジカやイノシシの骨も確認されている。コメを食べる以外にも、旧石器時代から連綿と続く方法によって、陸上哺乳類や魚、貝類など、さまざまな資源を利用していた。縄文時代以降の定住しながらの暮らしを、より安定させるような生活ぶりだったようだ。

弥生時代中期後葉の静岡・清水平野では、瀬名・川合遺跡、駿府城内遺跡、有東遺跡で表わされるような3つの拠点集落が認められている。拠点集落は周辺集落と比較して、遺構の範囲や遺物の量などが多く、より多くの人々の生活の痕跡が残っている場所である。有東遺跡は登呂遺跡に隣接しており、同所での生活が活発ではない時期には、登呂が利用されていたようだ。有東遺跡からは、弥生時代中期の方形周溝墓が見つかっている。方形周溝墓とは文字通り墓の周りを取り囲むように溝を掘り、その内側に高く盛り土をして方形にして、中に木棺を置く埋葬方法である。

静岡県の弥生時代の古人骨は、瀬名遺跡の中期後葉から後期の方形周溝墓で出土している。埋葬された個体は寛骨が大きく、大座骨切痕の形態から男性と推定されている。歯の咬耗の程度が弱く、比較的若い壮年であったことが分かる。大腿骨から推定された平均身長は約164センチメートルで、渡来系弥生人の平均身長に近い値だった。それ以外にも弥生時代後期の方形周溝墓から6個体分の骨や歯が発見され、男性3個体と女性1個体、性別不明の未成年2個体であったとされる。渡来系弥生人の歯は縄文人と比較して大きいことが知られているが、この瀬名遺跡で発見された人骨の形状は、縄文人というより、渡来系弥生人に近いと判明した。静岡県の弥生時代を生きていた人々は、渡来人的な系譜を持つことが推定される。瀬名遺跡の弥生人骨は、東海地域において弥生時代中期に渡来系の要素が存在していた最初の証拠として大変貴重な資料である。日本列島の弥生時代の様相について現代を生きる私たちに知らせてくれるものの多くが静岡県にある。

弥生時代の人口は、60万人に迫っていたとされる。日本列島で平野が拡大し、稲作を中心に人々も安定的な生活を獲得することができた。森から離れたかつての日本人の暮らしは、少しずつ自然とのバランスを崩し始めていく。

現代に通じる暮らしが始まった江戸時代

弥生時代から古代、中世と一気に時代を下って近世、江戸時代へ。この時代、江戸と京都を結ぶ東海道が整備される。53設けられた宿場のうち、三島から白須賀まで、今の静岡県のエリアに22の宿場があった。天下分け目の関ヶ原の戦いに勝利した徳川家康の手になる事業である。江戸幕府の治世が始まって間もなく、家康は将軍職を息子の秀忠に譲り、自身は駿府城（静岡市）に拠点を置いて、大御所政治を展開する。城の周りに城下町が築かれ、全国屈指の武士、商人・職人が住むまちとなった。それが今の静岡市街地の原型となっている。城下町から外れた平地では、大規模な新田開発が行われ土地は変化していった。

歌川広重による木版画「東海道五十三次」には、東海道のすべての宿場町が描かれている。その中で、静岡県内の宿場町について当時の絵と現在の風景とを見比べてみると気付くことがある。当時の絵には、街道沿いに植えられた立派な松の木と対照的に、遠方に描かれる山裾や山肌には、背の低い細い木々があるだけで、多くは岩石が露出していて今のような森林はない。つまり、「はげ山」であった。

奈良時代以降、宮殿・政庁・寺院などの造営材として森林開発は進行し、戦国〜江戸時代になると、城郭の建設や修築がますます盛んになる。このため、畿内のみならず日本列島全体で大木の伐採が著しく進行した。さらに、商材として伐り出されるようにもなり、森が回復しないところまで森林伐採が進行してしまった。この森林資源枯渇の危機は、江戸初期には大きな問題となっていた。徳川政府は、「留山《とめやま》」制度をつくり、奥山における有用樹木の伐採を禁じた。しかしなお木材資源の枯渇が進んでいくため、江戸中期以降、ヒノキやサワラなど有用木について人工植林を行い、「輪伐」制度などを取り入れながら森林育成に取り組んだ。

この結果、みるみるうちに、森林は回復していった。それに合わせて現静岡県エリアでは、荒れ地になっていた山間地や丘陵地等で茶の生産が始まる。これは、お茶を愛したことで知られる家康の影響もあるだろう。以来、お茶どころとして名をはせてきた静岡県。幕末、開国を機にお茶は日本の重要な輸出品目にもなった。交通路整備によって職を失った大井川の川越人足たちが、牧之原台地を開拓して、一大茶園を築き上げた。江戸時代の歩みを見ると、当時の人々が失われつつあった自然を見事に再生させ、維持していった様子が分かる［図3⑦］。

江戸時代の普通の人々（いわゆる庶民）は、木造の平屋アパートのような長屋に住んでいた。独立した居住空間がある一方で、トイレや井戸などは共同利用し、火を起こすための燃料として山から伐ってくる低木や枝などの薪や炭を使っていた。当時の人々は、綿でできた着物などをまとい、寒さをしのぐためには綿がたくさん入った袍褞《どてら》を着ていた。食べ物は米だけでなく、アワやヒエなどの雑穀を主食としていた。また、副食として畑を耕して得る野菜以外に、山の幸や海の幸など身近で採れるものを加工していた。食べ物の流通もそれほど発達していないため、食の地域性が大きかった。例えば北海道などでは、タンパク質源としてアザラシなどの海獣を食べていたようである。このころになると醤油やみりんなどの調味料も作られていた。今の私たちの生活と変わらない部分が多くなってくる。

図3⑦　江戸時代に進んだ植林と茶の生産

駿府（静岡市）では、江戸時代後期に徳川幕府直営工事として、60年余の歳月をかけて静岡浅間神社が造営された。巨費を投じて社殿群を再建するプロジェクトで全国津々浦々から、大工、彫刻、塗師などのプロの職人が集められた。職人たちは、安倍川上流で伐り出され、川流しされた木材を使って事に当たった。さまざまな木製品も生産されていく［図3⑧］。端材を使った木工、模型、漆器などの工芸品も手がけられるようになり、駿河指物、駿河漆器など後の静岡市の特産工業へと発展していった。この技術は代々受け継がれ模型、プラモデル産業の礎となったことは知る人ぞ知る事実である。また、三島市の御殿川流域遺跡群からも江戸時代の下駄や、漆椀などの多数の木製品が出土している。

全国人口は、３０００万人となっていた。

図3⑧　江戸時代に発達した木工業

経済が発展し、危機を迎えた現代

２００８年は、日本の人口が最大になった年である。人口が最も多くなる時期は、その国の最繁栄期ともいえるだろう。静岡県は農業で、お茶やミカンの一大生産地。漁業でもカツオやマグロなどの遠洋漁業から近海のシラスやサクラエビ漁まで、海産資源に恵まれ、生産も盛んである。さらに豊富な水資源や、高速道路・鉄道など交通の要衝である利点を背景にして自動車や光学産業も著しく発展した。2013年にユネスコ世界文化遺産に登録された富士山を望むこの地では、石油などのエネルギー資源に支えられた人々の豊かな生活が展開されてきたのである【図3⑨】。

静岡県の製造品出荷額等の全国シェアは5・3％で全国4位（平成30年）。1人当たりの県民所得は全国3位となっている。統計データは、静岡県もそこで暮らす県民も経済的に豊かであることを裏付けている。

また、現代では車の普及が進み、今や国民の半分以上が自家用車を所有している。交通インフラも急速に整備され、鉄道、航空機、バスを始めとした公共交通機関も充実。日本人は、国内のみならず世界中のどこにでも出かけられるようになった。また、国際化の著しい進展に伴って、食のグローバル化も進行している。これまで地域や季節が限定されてきた食べ物が、いつでもどこでも安定的に手に入れられるようになった。これは流通網の発達、コンビニエンスストアなど小売りチェーンの増加、そして、温室栽培や品種改良など工業化や技術革新によってもたらされた。人々は食のリスクから解放され、農村を離れて都会で自由に暮らせるように

図3⑨　地下資源に支えられる現代の暮らし

なったのである。

都会にはタワーマンションや高層アパートが林立、地価は高騰し、人口も増え続けていった。一般的だった平屋建て木造は鉄筋コンクリートへ変わった。気密性や機能性を備えたプライベートな空間で暮らすうちに、自然と共に生きるという人の概念は希薄になる。衣服は経済性や機能性が重要視されるようになり、素材には綿やシルクなど天然繊維からポリエステル、ナイロンなどの化学繊維が多用される。使い捨て可能なさまざまな製品も次々と投入された。人間にとって、世の中のすべてのものがお金さえあれば手に入る時代になった。

この豊かな生活を守るため、人は身近であったはずの自然を都合よく支配しようとした。第二次世界大戦の敗戦を経験した日本人は、どん底から這い上がって国の最繁栄期を築いた。経済成長のため、さまざまな方策を打ち出した。人口増加に対応して自然地形を居住できるよう改変するような政策を取り、不足する木材を調達するために広葉樹林を有用木のスギやヒノキの針葉樹林に替えた。いわゆる拡大造林によって、日本の森の風景は一変した。近年では林業の衰退とともに、植林した山が荒れ始めている。【図3⑩】

また、川の上流には幾つものダムが造られ、砂防堤が川

図3⑩　植林が増加し森林が荒れ始めた現代

底を蛇腹状にパックしていった。下流では曲がった川が真っすぐにされ、両岸には人工堤防が造られた。その結果、山から川砂が供給されなくなってしまった。高い堤防が造られる河口から海岸にかけての砂浜は貧弱化し、海岸浸食を防ぐために設置された消波ブロックの列は、今やごく普通の風景になってしまった。

ドブ川で異臭を放っていた水は、上下水道整備によってなくなり、臭いも消えた。人の力で自然は暮らしと分断され、人に管理され支配されてしまったかのようにも見える。しかし、自然を完全に支配することなど、元よりできようはずもない。ひとたび自然が牙をむけば、その猛威に私たちは為す術なく、立ち尽くすだけである。

日本の人口は、2008年に1億2800万人となった。そして今、ピークは去り、人口減少と高齢化社会に先進諸国の先頭を切って突入した。静岡県も人口減少が進む自治体の1つであり、多くの課題に直面している。私たちは、人の暮らしと豊かな自然環境の間で失われたバランスを回復する方策を探さなければならない。成熟した社会からもう一度新しい社会を構築する道が求められているのである。

第四章

静岡の豊かな自然と生物多様性・生物進化

静岡県の大地をつくるもの

1876（明治9）年、古代の令制国である伊豆国、駿河国、遠江国に由来する旧足柄県、旧静岡県、旧浜松県が1つになり、現在の静岡県はほぼ成立した。東西に長く延びる県域には、海岸低地から高山帯まで変化に富む自然環境が広がり、人々の暮らしと、さまざまな産業を支えている。

その一方で、多くの人々は自然から切り離された都市で便利で快適な生活を送っている。人工物に囲まれていると忘れてしまいがちだが、その都市も、せいぜい地下数メートルよりも下は、実は自然（天然）の大地なのだ。私たちが暮らす足元の大地とは一体何であるのか？ それは、どのように形づくられてきたのか？ ここでは、それをひも解いていこう。

静岡県の沿岸市町の多くは、「三角州《さんかくす》性扇状地《せいせんじょうち》」の上にできている。一般的に、扇状地とは、山地の出口付近などで、幾重にも分かれる川が砂礫を運搬・堆積させ、文字通り扇の形のようになった地形を指す。三角州とは、海に注ぐ川の出口（河口）に砂や泥が堆積して、三角形のように海へ出っ張った地形のことだ。東京・名古屋・大阪といった日本の大都市の多くは、この三角州の発達によってできた平坦部（平野）の上に立地している。静岡県では、この両者の性格を併せ持つ三角州性扇状地が、沿岸部の主要な平坦部をつくっている。背景には河川が大量の砂礫を河口付近まで運ぶという、静岡県ならではの特殊事情が存在する。

静岡県を流れる主要河川である富士川、安倍川、大井川、天竜川の河口低地［図4①］は、いずれも約12万年前以降に形成された三角州性扇状地である。天竜川河口では、扇状地と海の間に砂丘が存在するものの、俯瞰的に見ると、他と同様にやはり三角州性扇状地が発達している。共通するのは、これら主要河川の上流部、すなわち背後には、急峻な山々がそびえ立っていることである。扇状地を構成する砂礫は基本的には丸い。これは、ごつごつした石が、運搬過程で徐々に角が削られた結

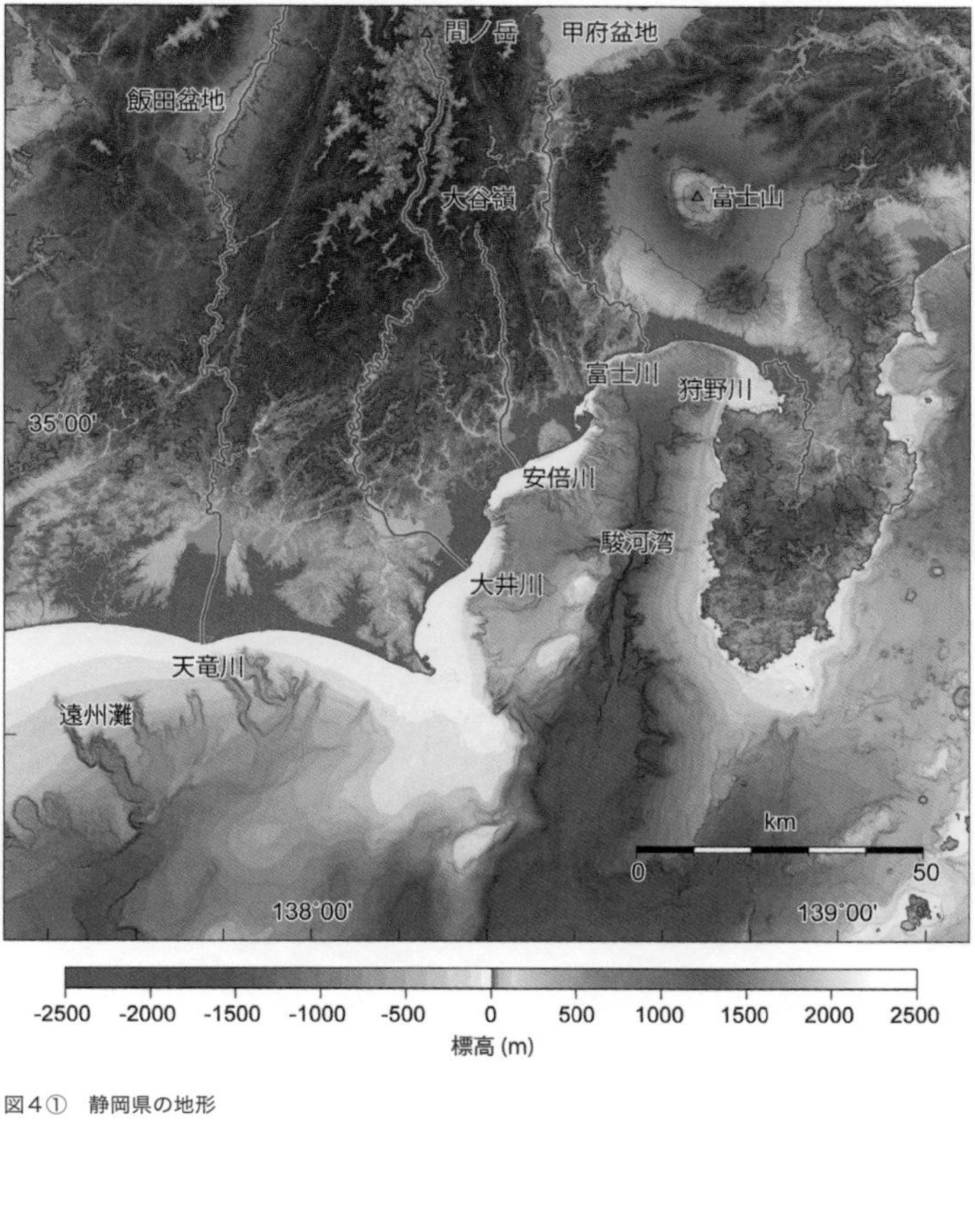

図4①　静岡県の地形

果であることは中学校の教科書にも記述され、常識となっている。つまり、山地部から流れ出る急流は、大雨のたびに山から大量の砂礫を海に向かって運び、石を丸くさせながら沿岸部で扇状地をつくりだしてきたということである。

山地に降った雨水は、扇状地で潜り伏流して、砂礫の間隙に蓄えられて帯水層［図4②］を形成する。例えば、大井川の三角州性扇状地では1日当たり50万〜80万立方メートルの地下水が流れている。地下水位は夏に高く冬に低くなるものの、年平均で見ると長期的にはほとんど安定している。この潜った水資源は、人々の生活と産業の発展を支えてきた。大井川では、ポンプアップする必要がなく自噴するくらい豊富な水が存在する。しかし、ひとたび洪水になると、濁流は地表に新しい流路をつくりながら流れ下る。その際、人々は、大規模な水災害に直面する。近代以前、三角州性扇状地とともに暮らした

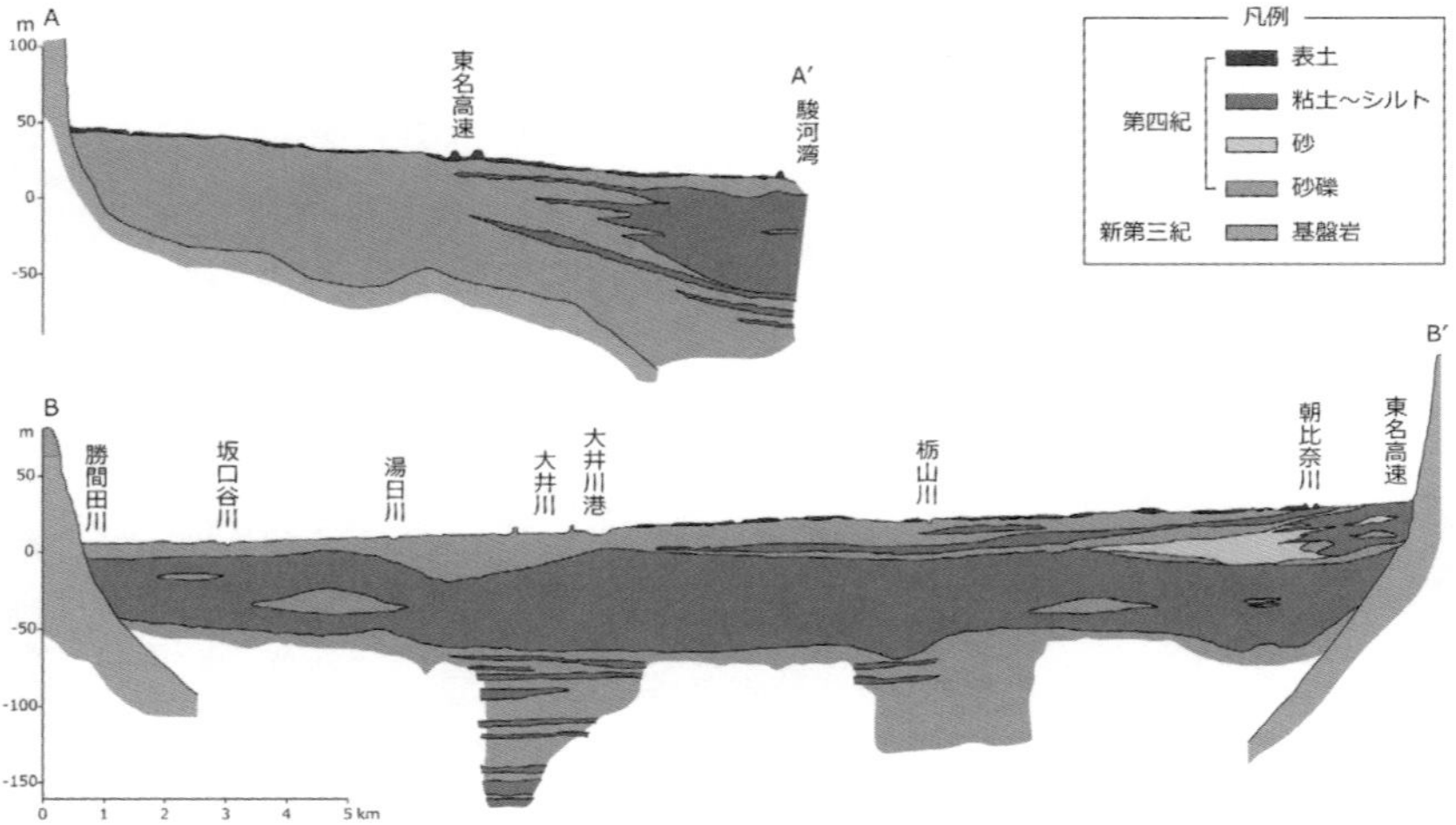

図4②　大井川扇状地の地下構造

人々は常に水との戦いを強いられてきた。

先史時代の大井川【図４③】は、三角州性扇状地の北側を東に流れ（流路Ⅰ）、焼津市小川の近くから駿河湾に注いでいた。その後、歴史時代になると、現在の栃山川周辺（流路Ⅱ）を本流とした。現在の大井川（流路Ⅲ）は、流路Ⅱの分流の１つが本流に変化したものである。大井川という場所は、江戸時代までは、駿河国と遠江国の境界であった。当時を記録する古文書には、慶長19（１６１４）年までは、洪水が東側の駿河国で頻発したのに対し、元和２（１６１６）年以降は西側の遠江国側の村々が洪水の被害を受け始めたことが記されている。これは、大井川の本流が流路Ⅲに移ったことによるもののようだ。このような流路の変化は、三角州性扇状地という場所で日常的に起きる自然の摂理ではあるが、そこに暮らす人々にとっては、時として深刻な災害をもたらすことになった。

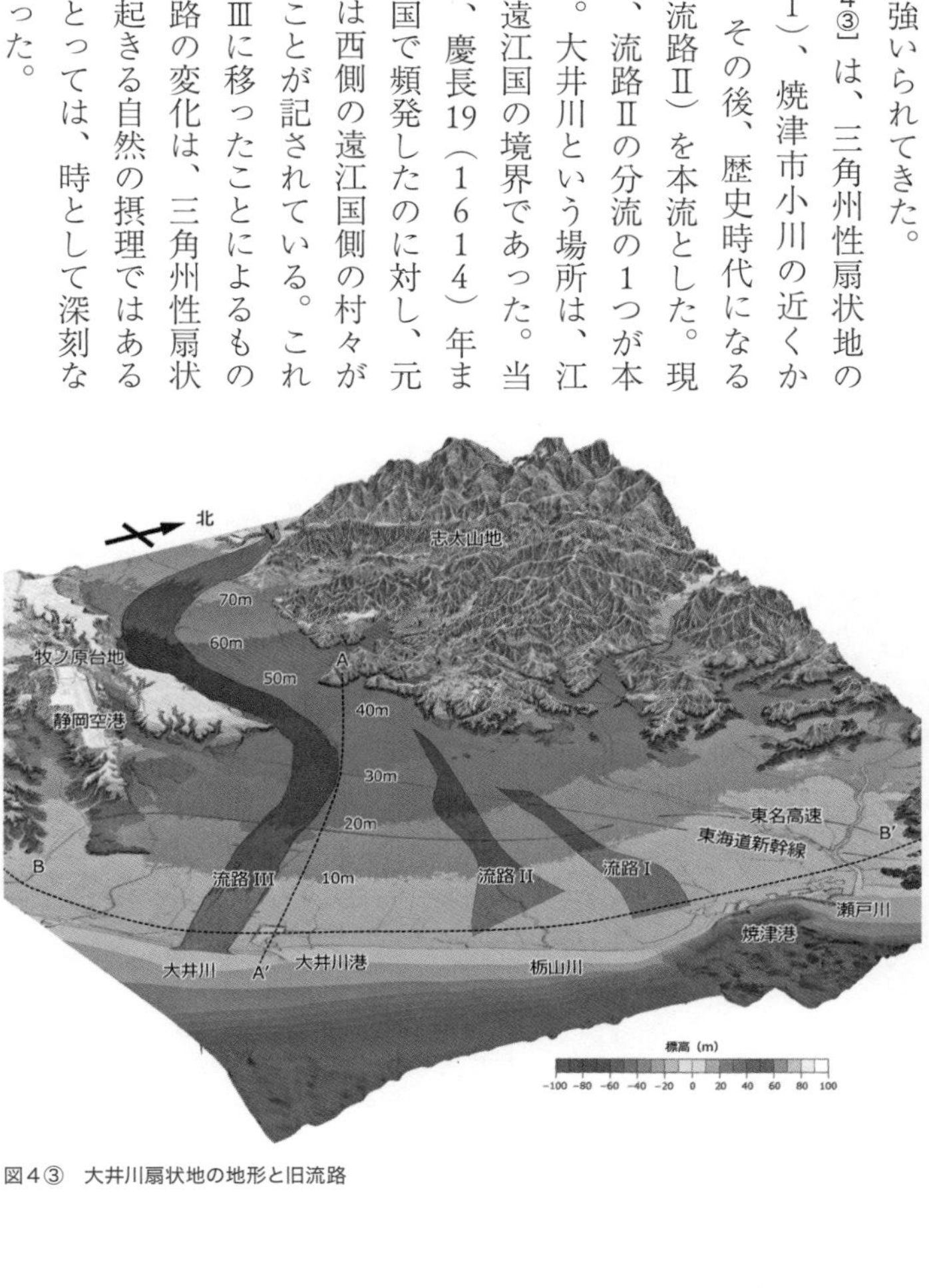

図４③　大井川扇状地の地形と旧流路

江戸時代は人口増加に伴って新田開発が奨励され、堤防の普請と田畑の開墾が大規模に行われた。しかしながら、静岡の沿岸低地では、三角州性扇状地たるゆえんから、その努力を無に帰してしまう氾濫が幾度も繰り返されてきた。川の氾濫で土石に埋まった田畑は、「川成《かわなり》」として年貢が免除される土地となった。川尻村（現吉田町）の古文書には、年貢納高の激しい増減［図4④］が記録され、大井川の開発と荒廃、すなわち数百年にわたる水との攻防を知ることができる。そうした大井川においても、昭和期に入りダム・堤防の建設、河道の掘削など近代的な治水が進むと、大雨で川が氾濫し土石が町に流れ込む被害は滅多に起こらなくなった。ようやく三角州性扇状地を安全で豊かな土地にできたというわけである。とはいえ、その一方で天井川化（河床の高度が周囲より高くなる）や土砂の供給不足による海岸浸食などの新しい問題が生じている。自然を１００％治めることは不可能であるということのようだ。

このように静岡県沿岸地域の大地をつくり、水を蓄え、さらにはしばしば災害を引き起こしてきた三角州性扇状地の砂礫は、どのようにしてつくり出されてきたのか？　その過程を追ってみよう。

静岡県を流れる三角州性扇状地をつくり上げた主要河川を上流へ遡ると、南アルプスの山々に辿り着く。そこにあるのは、隆起した「付加体」である。かつての海にたまった地層は、海洋プレートが大陸プレートの下に沈み込む際に剥ぎ取られて大陸プレートの端に付加される。

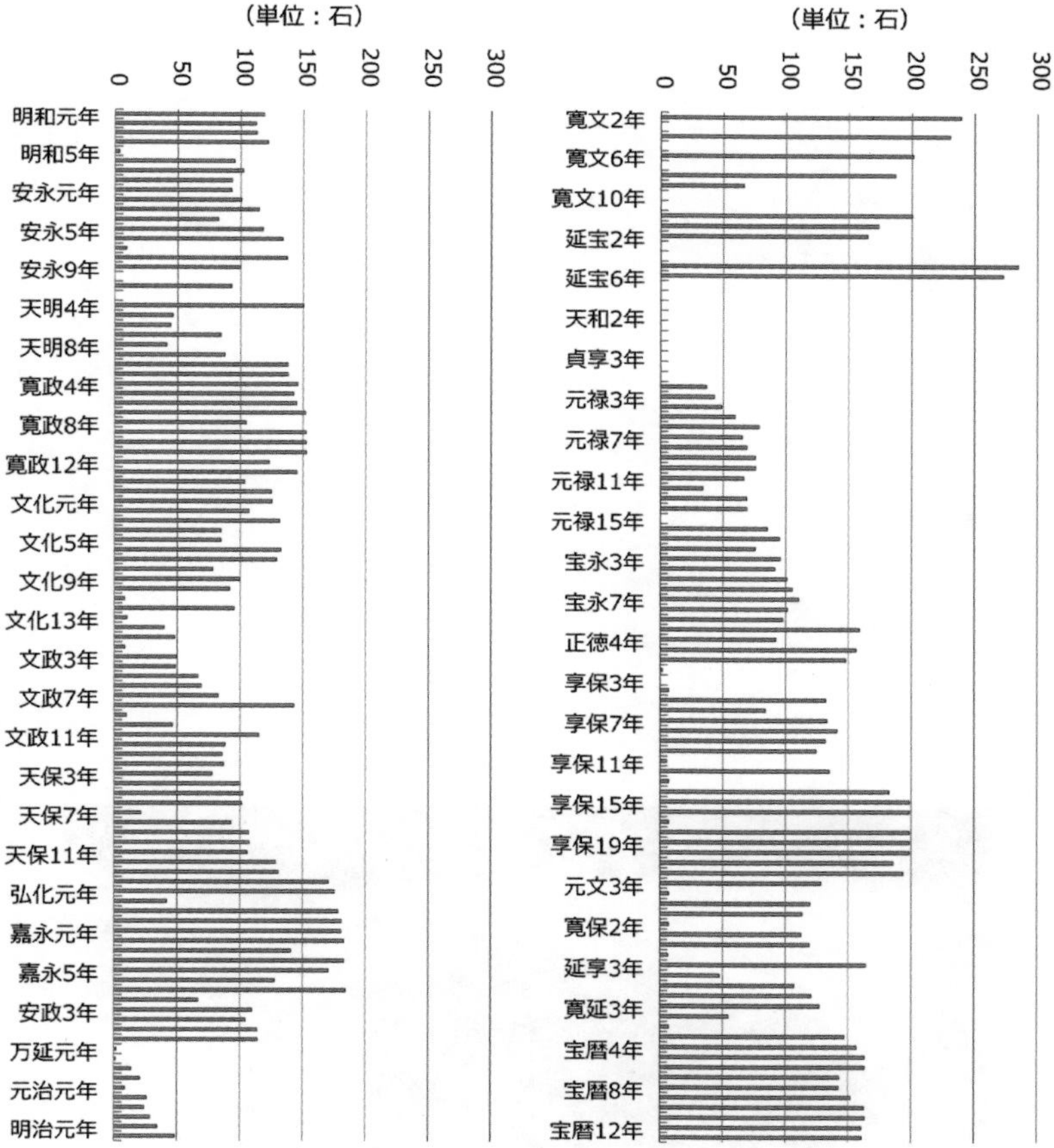

図4④　川尻村（現・吉田町）の年貢納高の推移

これを付加体という。南アルプスには1億年以上も前の海の地層（付加体）が存在しており、地殻変動によって隆起して、現在では標高3000メートルに達する山岳地帯をつくっている。

例えば、静岡、長野両県にまたがる標高3121メートルの赤石岳では、山頂付近に真っ赤な色をした岩石「チャート［図4⑤］」が存在する。チャートとは、海に住む原生生物「放散虫」の死骸が深い海にゆっくりと積もり、その後固まって岩になったものである。それ以外にも、南アルプスとその周辺一帯では、海底での火山活動を示す溶岩、珊瑚礁に由来する石灰岩、地下深くの高温・高圧環境下で変成した結晶片岩《けっしょうへんがん》など、さまざまな付加体の構成物が大地をつくっている。

今では標高3000メートルを超える山々が連なる南アルプスであるが、約200万～300万年前は標高の低い山地や丘陵であった。地質学的な調査によると、南アルプスは100万年前ごろから急速に隆起を始めていた。この

図4⑤　チャート標本

隆起によって形成された特徴的な地形の１つが、大井川中流部に見られる「鵜山《うやま》の七曲《ななまが》り【図4⑥】」である。テレビ番組「ブラタモリ」でタモリさんが喜ぶような嵌入蛇行《かんにゅうだこう》と呼ばれるマニアックな地形である。これは、南東方向に流れる大井川が、地盤の急激な隆起によって浸食しながら深い谷をつくりつつ、浸食のしやすさが異なる北東―南西方向の地層面に沿って流れることで何度も屈曲を繰り返してできたものである。地震発生時の地震計が記録する乱れ狂う地震波のようなものを想像していただくと分かりやすい。また、南アルプスを構成する付加体は、非常にもろい（崩れやすい）特徴がある。南アルプスの平均的な浸食速度は年間1・6ミリメートルと推定されている。ひとたび地震や大雨をきっかけに大規模な崩壊が起これば、発生した土砂は河川によって容易に下流へ運ばれ、沿岸部に広大な扇状地を発達させることになったわけである。

実は、南アルプスは、世界でも特に隆起速度が大きいことで知られている。例えば東北地方では、最近12万年間の

図4⑥　鵜山の七曲り

隆起速度は年間0・3ミリメートル程度と推定されている。一方、南アルプスの隆起速度は何と年間3〜4ミリメートル【図4⑦】に達する。この影響は当然周辺地域にも及び、駿河湾西岸では、12万年前以降の隆起量が200〜300メートルに達しているところも存在する。実は、県中西部の三方原、磐田原、小笠山、牧之原などの一連の台地・丘陵は、古い時代の三角州性扇状地が隆起し、その後浸食を受けてできたものである。ふじのくに地球環境史ミュージアムがある有度丘陵（日本平）も、古い時代の三角州性扇状地などが隆起してできたものである。

海にたまった地層を何千メートルも押し上げた地殻変動とは、どのようなものか？　その答えを次に探ってみたい。

伊豆半島の衝突がつくった静岡県の大地

静岡県は、世界でも稀有な3つのプレートが衝突する境界に位置している【図4⑧】。日本列島の西半分はユーラシア大陸プレートに、東半分は北アメリカ大陸プレートにそれぞれ属している。2つのプレートの境界は、静岡県の東部と中部の間を通っている。また、この場所には、かつて大陸の一部であった日本列島がいまの姿に変化していく過程で形成された大断層「糸魚川―静岡構造線」も通っている。

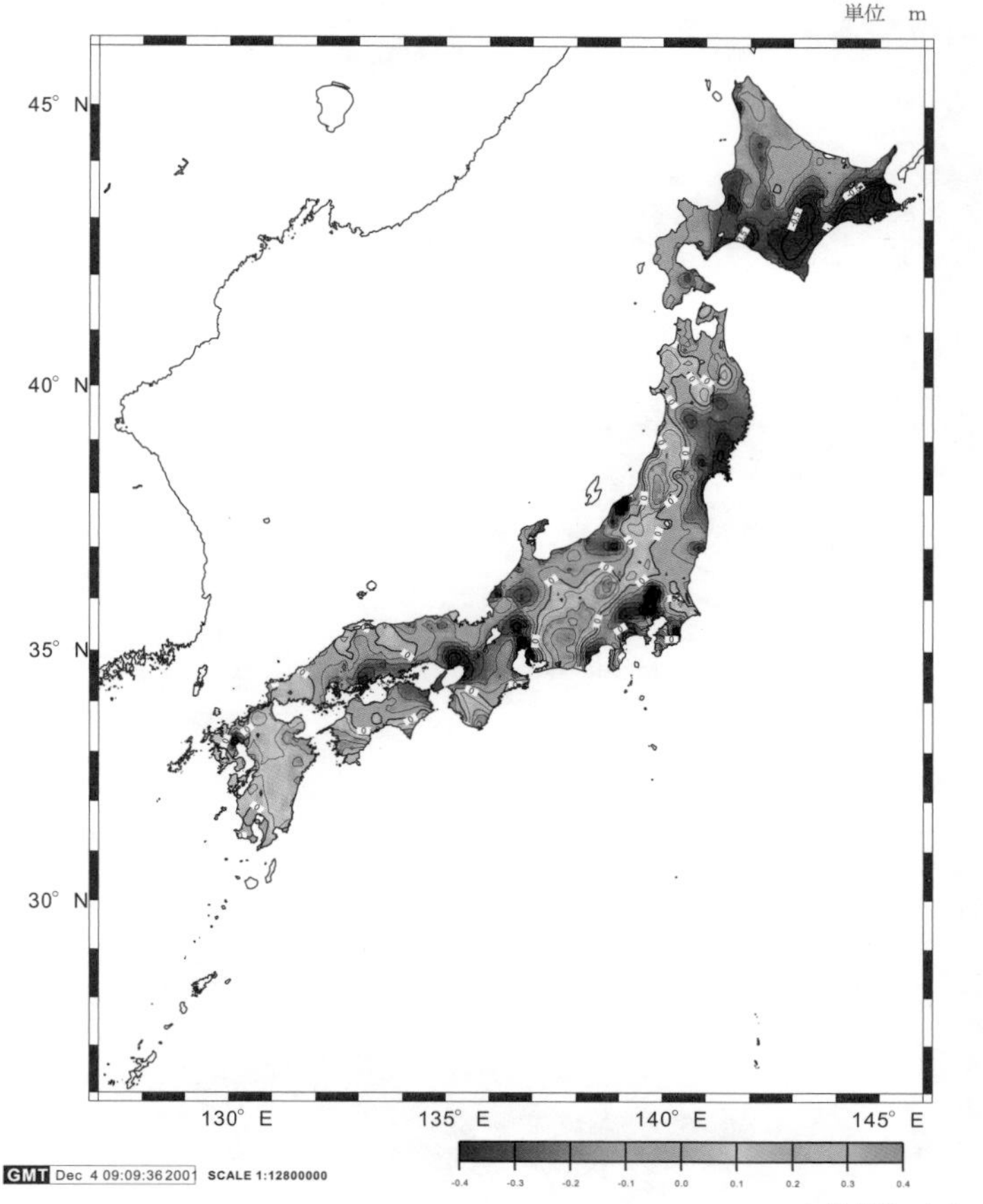

図4⑦　日本列島における最近約100年間の上下地殻変動

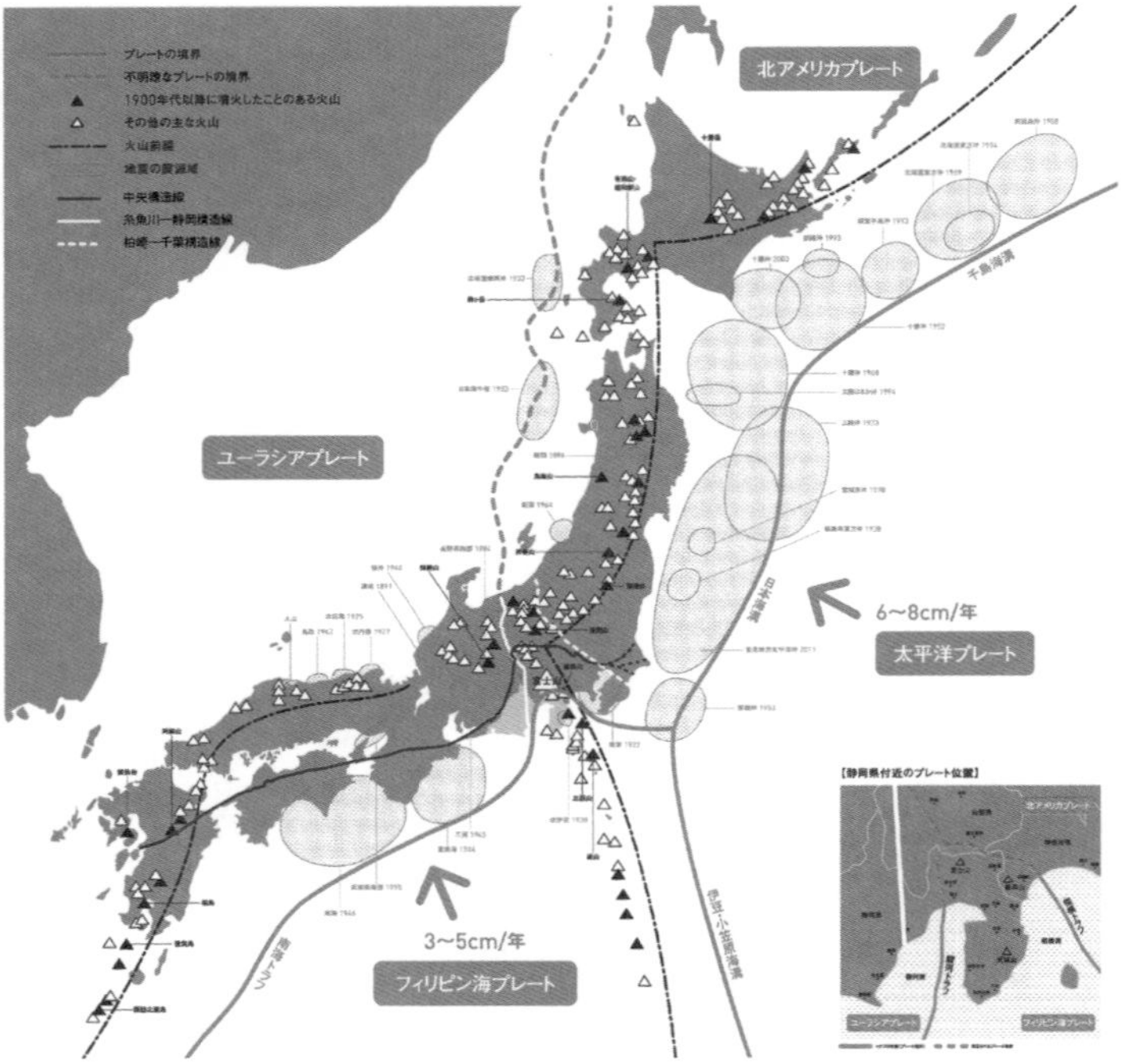

図４⑧　日本周辺のプレートの配置と中央構造線および火山の分布

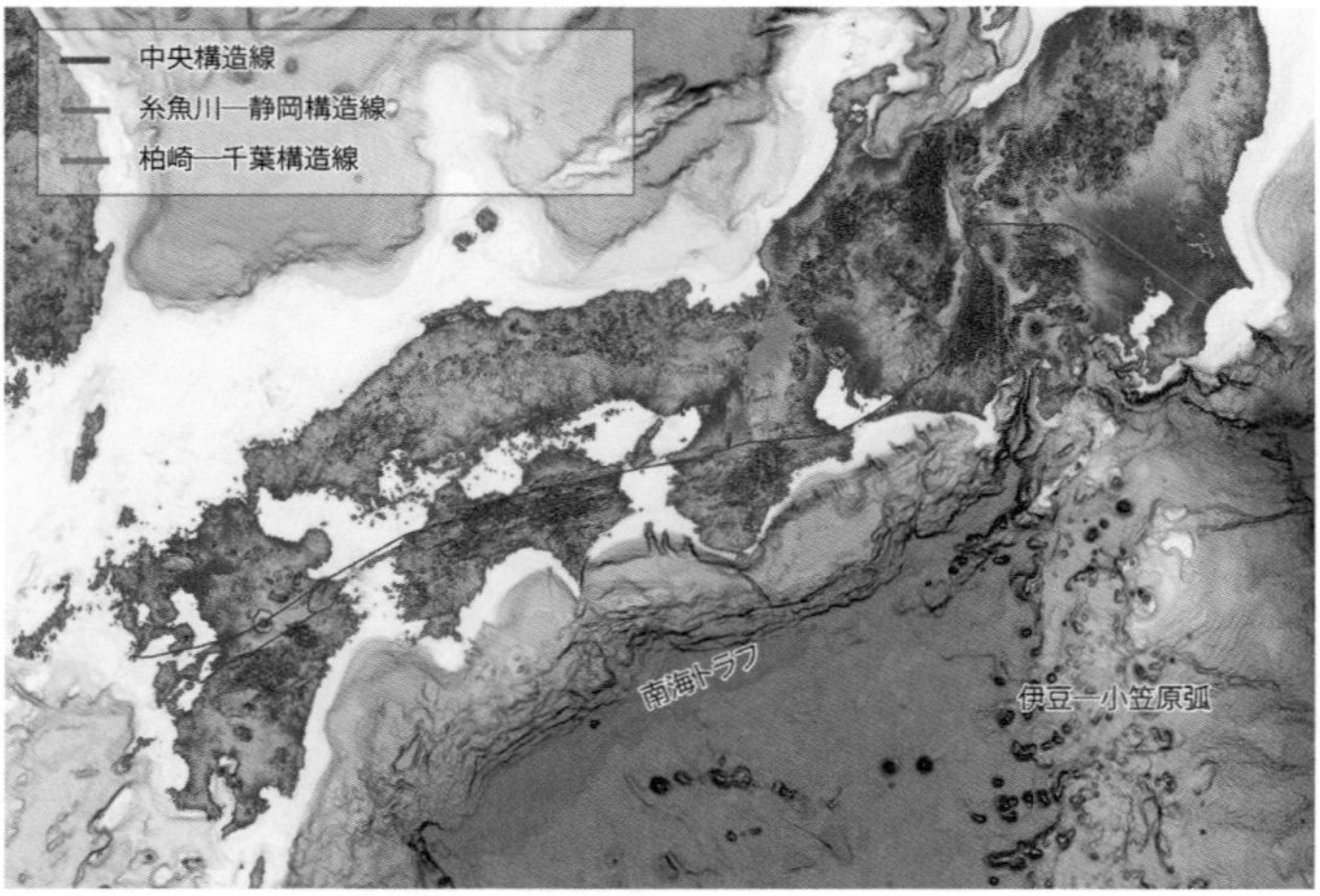

図４⑨　伊豆―小笠原弧および南海トラフの海底地形

日本列島の南方では、フィリピン海プレートが大陸プレートの下に沈み込んでいる。これにより、九州島の沖合から東へ続く海底の谷「南海トラフ」が形成されている。南海トラフのうち、御前崎沖から駿河湾内にかけての部分を、特に「駿河トラフ」と呼ぶ。この2つのプレート境界は、富士川の河口付近を通って富士山北麓周辺を回り、相模湾の方向に伸びている。つまり、静岡県では海洋プレートと大陸プレートが地続きとなっている。日本国内には、このような地質学的構造を持つ所は他になく、文字通り唯一無二の場所である。

プレートが沈み込む場所では、沈み込んだ海洋プレートの深さが地下100キロメートル程度になると、プレートから脱水が生じ、マントルを構成するかんらん岩の融点が低下してマグマができる。マグマは浮力により上昇して火山活動を生じさせる。その結果、海溝やトラフと平行に並んだ火山島の列（島弧）が形成される。勘の鋭い方ならお分かりであろうが、日本列島自体が、プレートの沈み込みの産物、1つの島弧である。現在、まだ形成年代が新しく、高温で密度の低いフィリピン海プレートの東縁では、その下に、形成年代の古い低温で密度の高い太平洋プレートが沈み込む。このことにより、伊豆―小笠原諸島（伊豆弧）［図4⑨］が形成された。島弧の地殻は、一般的に花崗《かこう》岩などの密度が相対的に低い岩石から構成されるため、地下に沈み込めない。やがて、北向きに移動するフィリピン海プレート上でできた伊豆弧の本州衝突が起きた。

伊豆弧の衝突は、日本列島の地質構造を屈曲させた。西南日本の地質を南北に分ける中央構造線は、日本列島がユーラシア大陸東縁で付加体として成長する過程で形成された大断層である。九州から紀伊半島までは東西方向に伸びているが、南アルプスを境に大きく北東方向へ向きを変え、八ヶ岳付近で再び南東方向に向きが変わっている。南アルプスを構成する付加体も、屈曲した中央構造線とほぼ同じ方向に曲がっている。これらは、本来はほぼ一直線に並んでいた中央構造線とその周りの地層が、伊豆弧の衝突によって北に押し上げられたことが原因である。しかも、この衝突は、同時に地盤を隆起させた。

およそ2000万年前、伊豆弧の北端に位置する伊豆半島の母体となるフィリピン海プレート上の海底火山は、はるか南方に存在していた。この海底火山は活動を続け火山島へ成長しながら北上していく。ついに、約100万年前［図4⑩］、本州の接近によって南海トラフの一部が堆積物で埋め立てられるようになり、両者は次第に地続きとなった。このとき駿河湾と相模湾が形成された。同時に、南アルプスが急速な隆起を始め、周辺に砂礫を大量に供給して、沿岸部に三角州性扇状地を形成するようになっていった。

百年後の静岡の大地

これまで述べてきたように、静岡県の高低差は、伊豆半島の衝突を原動力としてつくられて

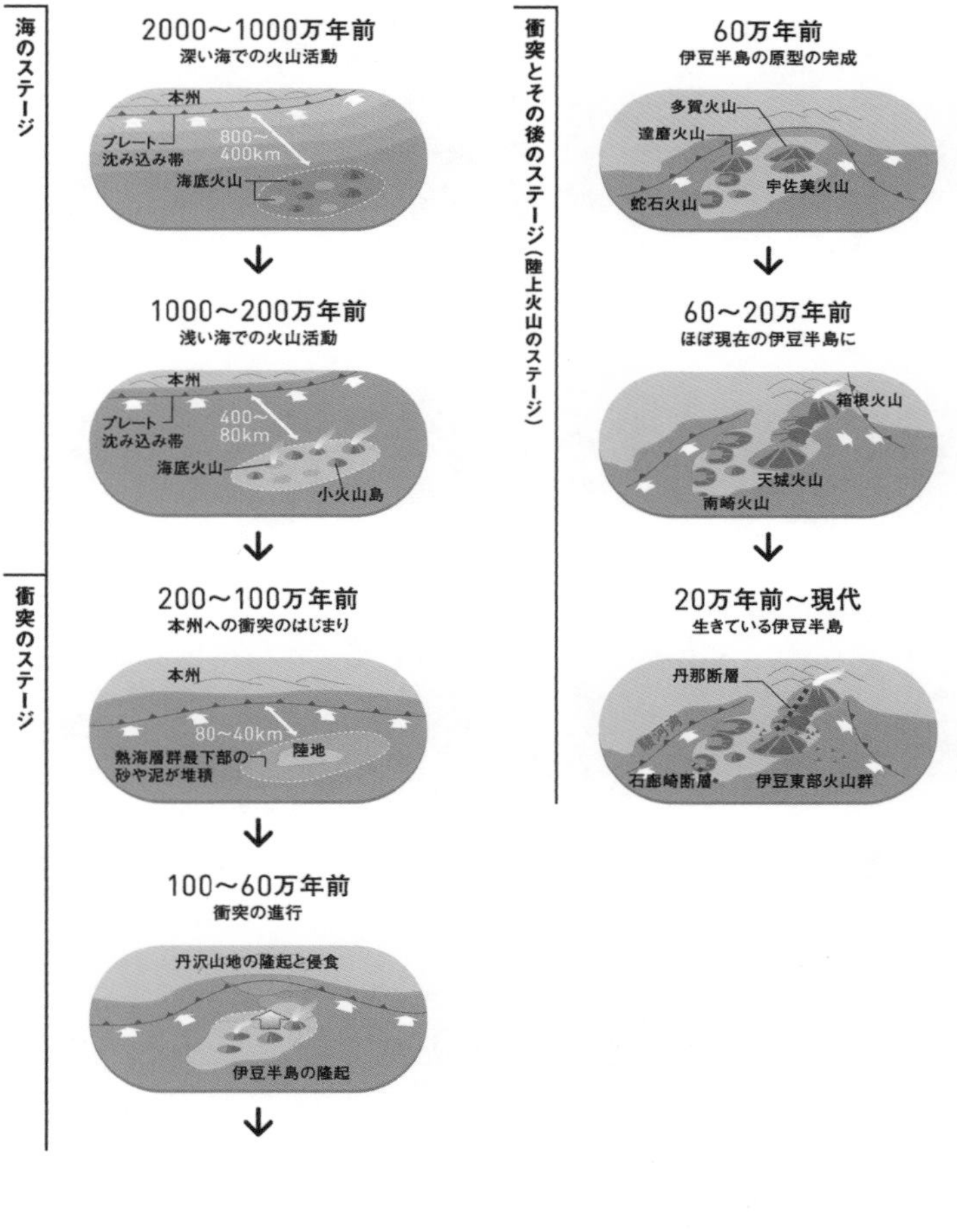

図4⑩　伊豆半島のできかた

きた。それは、静岡県の豊かな自然環境の基盤をもたらしつつも、洪水や地震、火山活動などに伴う自然災害という脅威にもなった。

伊豆半島が本州と衝突した後、現在の富士山〔図4⑪〕の位置で火山活動が始まった。富士山の周辺は、フィリピン海プレートがユーラシアプレートと北アメリカプレートの下に沈み込む境界となっている。さらに、フィリピン海プレートの下には太平洋プレートが沈み込み、世界的にみても複雑な地質構造となっている。富士山の火山活動は太平洋プレートの沈み込みによるものである。富士山の形成は地質学的には非常に最近のことで、静岡の地形の中でも最も新しい部類に入る。約70万〜20万年前に先小御岳《せんこみたけ》の形成が始まり、その上に小御岳、古富士が形成されていった。そして、約1万年前、古富士を覆うように新富士が形成され、現在の姿となった。その威容は日本のシンボルとして古来、芸術・文化・信仰の対象となってきた。

富士山の美しい姿は、活発な火山活動による溶岩と噴出物

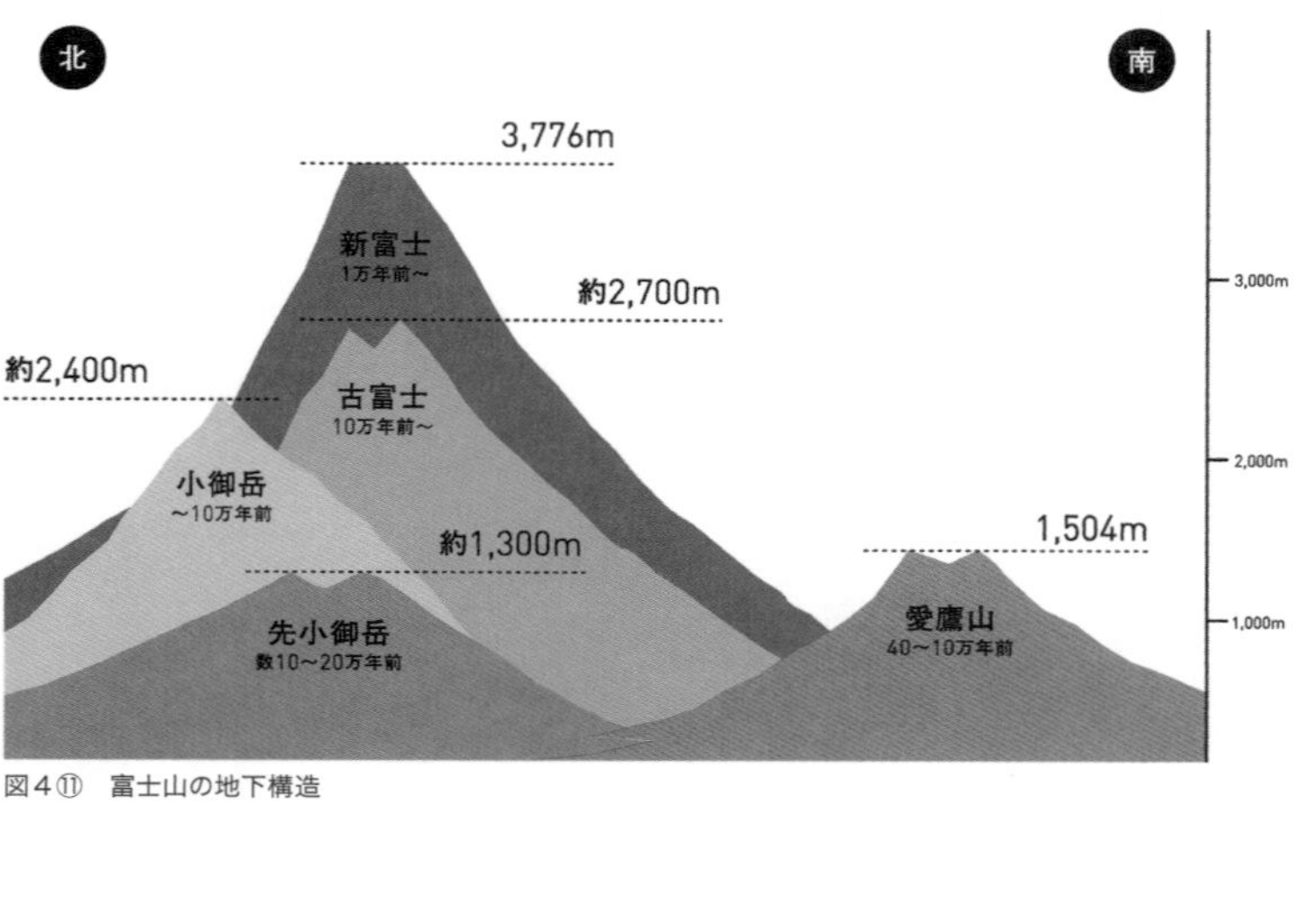

図4⑪　富士山の地下構造

によって保たれてきたが、永遠に続くものではない。例えば１７０７（宝永４）年の宝永噴火では、山腹での爆発的な噴火によって新たな火口と宝永山がつくられ、山の形が大きく変化した。西麓に位置する大沢崩れでは、数千年前の溶岩が風化・浸食を受けて大規模に崩落し、深い谷がつくられている。溶岩を流すような噴火がなければ、谷はさらに深くなり、山容を変化させていくはずである。

南海トラフでは、フィリピン海プレートの沈み込みが大きな地震と津波を繰り返し生じさせてきた。古文書や津波堆積物の調査研究から、マグニチュード（Ｍ）８以上と推定される大地震が90～２６５年間隔で起こり［図４⑫］、津波が沿岸部に被害を及ぼしてきたことが明らかになっている。南海トラフでは、今後30年のうちに70～80％の確率でＭ８～９の地震が起こると予測されている。静岡を襲った最近の大地震は、江戸時代末期の安政元（１８５４）年に起こった。その規模はＭ８・４で、伊豆半島、駿河湾、遠州灘の沿岸に大津波が襲来した。この地震・津波による家屋の倒壊・流失は約

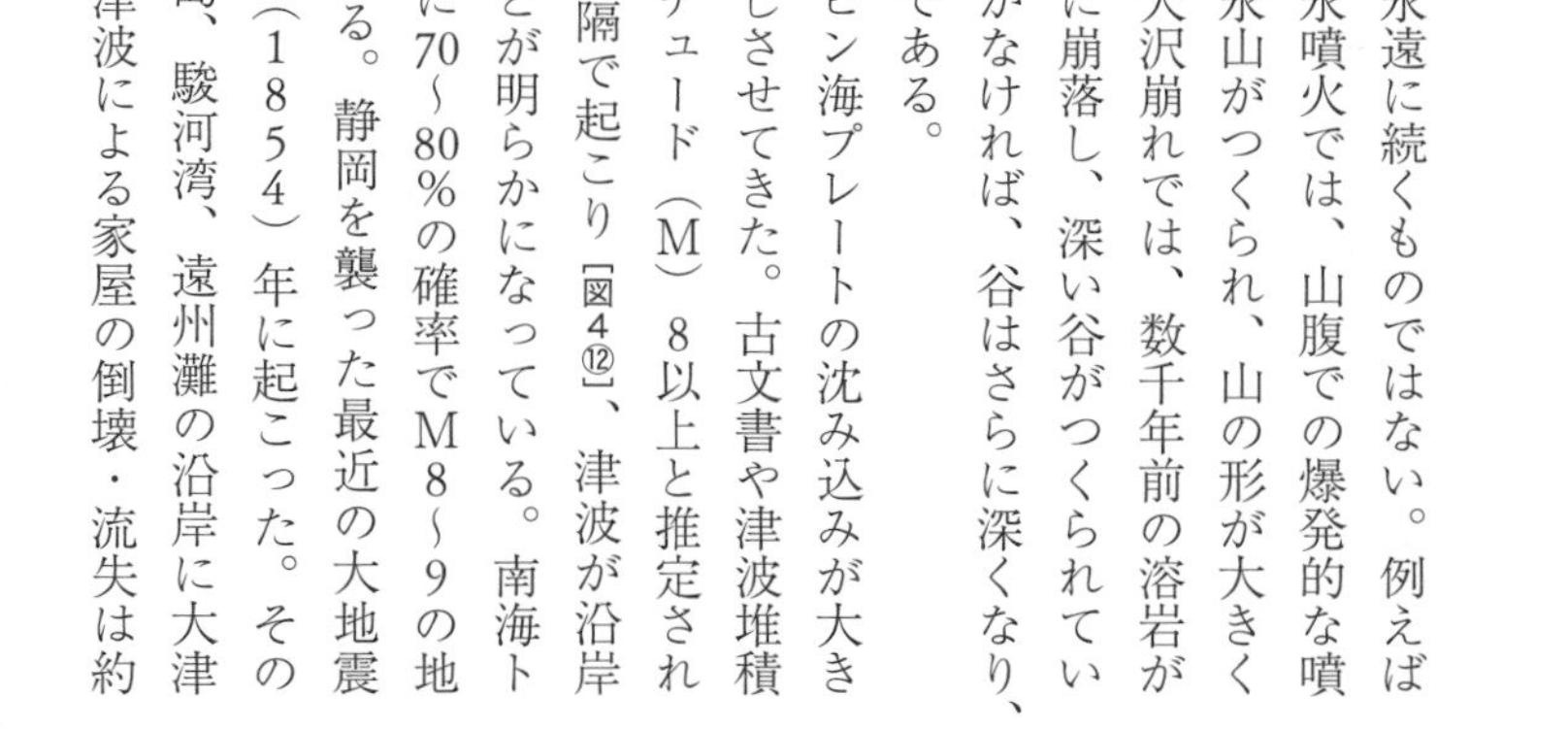

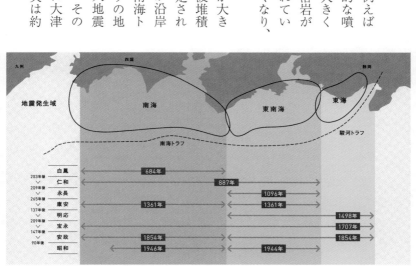

図４⑫　南海トラフ巨大地震の発生年表

９０００戸、死者は約６０００人と推定されている。

現在は人口、生活様式など、ありとあらゆる社会・文化的要素が当時とは一変していて、自然災害に対する脆弱性が極めて高くなっている。１００年後の静岡は、その大地震を経験しているかもしれない。１００年後の静岡に暮らす人々は、地震や火山噴火の脅威を乗り越え、豊かに暮らしているであろうか？　私たちは、その答えが悲観的なものであってはならないと考えている。

生物多様性とは？

生物多様性（biodiversity）とは、生物の多様さを示す概念で、生物には変異があるということを前提として、さまざまな生物が存在していることを理解し、その価値を捉えるのに有効な概念である。だが、一言で説明するのはなかなかに難しい。まず生物多様性の理解には、生物の「個性」と、生物同士の2つの「つながり」が重要であることを知っていただきたい。すべての生物は種であれ個体であれ、他の存在と異なる独自の遺伝子を持っていて、その「個性」は唯一無二のものである。

「つながり」の1つは、生態系の中で生物たちが、食う—食われるの関係や物資循環、共生などでつながっており、他の生物の存在なしには生物は生きてゆけないということ。もう１つの「つながり」は、時間軸の中で進化してきた生物としての側面で、地球上の生命の起源は１回と考えられているため、すべての生物は究極的には血縁関係でつながっているということである。ヒトはチンパンジーやゴリラとはもちろんのこと、ネコやメダカ、カブトムシ、イネ、アメーバ、そして細菌とも共通の祖先を持っているのだ。

ここでは静岡の生物多様性の特徴を具体的に見ていこう。

豊かで変化に富んだ自然環境を持つ静岡県には、多種多様な生物が暮らしている。県内では在来と外来の生物を合わせて、維管束植物４０７０種、菌類１２９８種、哺乳類60種、鳥類４１２種、爬虫類19種、両生類21種、淡水魚１８６種、昆虫８４４０種、クモ類５１０種、陸・淡水性貝類２１３種が確認されている（維管束植物および菌類は亜種、変種、品種・もしくは一部の雑種を含む。動物は亜種を含む。両生類は系統も含む）。昆虫類は多様性が高いものの解明度は低いため、今後新種や未記録種が多く見つかると考えられる。まさに高山から深海までの比高６０００メートルが存在する静岡県は生物多様性の宝庫といえる。

日本には約７０００種（亜種・変種を含む）の在来の維管束植物が生育しているが、静岡県にはそのうちの約３５００種（亜種・変種を含む）が生育している。つまり、静岡という１つの県だけで日本に生育する約半数の植物を見つけることができるのだ。植物の種類としては47

都道府県の中でもトップクラスだ。なぜ、静岡県には日本一ともいえる多様な植物が生育しているのか？　その理由について解説したい。

標高差がもたらす北極とヒマラヤの出合い

理由の1つ目は標高差である。前述した通り静岡県には、海岸から富士山や南アルプスに至るまでの複雑な地形・地質と標高差が生み出した多様な環境が存在する。これは、温暖な南方に由来を持つ生物と寒冷な北方に由来を持つ生物の両者が生存できる環境が存在することを意味している。それをよく表しているのが南アルプスである。およそ2万年前、本州は今よりずっと寒冷な気候環境のため、今では北極周辺にしか見られないような生物が暮らしていた。やがて暖かくなるとこうした生物はわずかな生き残りを高山帯に残し、絶滅してしまった。一方で、この気候温暖化は南の方から照葉樹林とそこにすむ生物たちを招き寄せた。現在、南アルプスでは高山には寒い気候に暮らす生物の生き残りが見られ、麓では天竜川や大井川沿いに暖かい気候にすむ生物たちが北上してきている。生物地理学的な関連で見ると、寒い気候に暮らすものたちは北極に結び付き、照葉樹林に暮らすものたちは遠くヒマラヤまでつながる。このように、南アルプスは北極とヒマラヤの要素が出合う場所ともいえるのである。

例えば、ライチョウは北極を中心とする周極地域に広く分布しているが、その中で最も南の生息地がニホンライチョウのいる南アルプスである。また、クモマツマキチョウという愛らしいシロチョウ科の高山蝶は、ユーラシア大陸に広く分布しヨーロッパにも生息しているが、その分布の東端は日本で、最南端が南アルプスである。南アルプスでは、厳しい寒さの中、短い期間に一斉に咲き誇る美しい高山植物の花々を見ることができる。一方、静岡県が北限分布や東限分布となっている種としては、ヤマビワ、トキワガキ、ナナミノキ、キダチニンドウ、造礁性サンゴの分布北限域などがある。静岡県は北と南の生物が出合うことによりたくさんの種類の生物が生育しているのだ。

特殊な大地が育むスペシャリスト

2つ目の理由は、静岡県の大地の特殊性である。「特殊な大地」には「特殊な植物」が生育するという、実に面白い現象が起きている。広く各地に生育する生物のことをジェネラリストというのに対して、特殊な大地にだけ生育する生物のことをスペシャリストという。蛇紋岩、石灰岩、溶岩、高山、河川敷、海岸、湿地、湧水などの静岡県の大地の特殊性が、異なる特殊環境に適応したスペシャリストの植物を育む土壌となっているのである。

例えば、静岡県西部には蛇紋岩というコバルト、ニッケル、マンガンなどの重金属を含む超塩基性岩が分布している地帯がある。この蛇紋岩に含まれる重金属の影響により、耐性を持たない一般的な植物（ジェネラリスト）は重金属過剰障害を起こすため生育することができない。そのため、蛇紋岩地は森林があまり発達しない疎林となる［図4⑬］。しかし、重金属にも負けない、むしろ、蛇紋岩土壌にのみ生育するシブカワニンジン、ミカワマツムシソウ、ヤナギノギクなどが分布している［図4⑭］。これらの蛇紋岩地のみに生育するスペシャリストのことを蛇紋岩植物と呼ぶ。

浜松市北区引佐渋川には蛇紋岩地帯が広がっており、その地名から「渋川」という和名を冠するシブカワシロギク、シブカワツツジなどの蛇紋岩植物が知られている。蛇紋岩植物は一般的な植物よりも細い葉をつけるという特徴がある。栄養素が乏しく一般的な植物が育たない蛇紋岩地という極限環境においては、他の植物と競争する必要がないため、蛇紋岩植物は細々と生育しているのかもしれない。

この他にも、富士山周辺には溶岩に生育するフジアザミ、オン

図4⑬　浜松市北区雨生山の蛇紋岩植生

タデ、富士山麓の豊富な湧き水にはミシマバイカモなどの水生植物、海岸には塩害にも負けないソナレセンブリ、ハマネナシカズラなどのスペシャリストが生育している。

このように静岡県の大地が、異なる多様な土壌で成り立っていることによって、その特殊環境に適応したスペシャリストの植物たちは適材適所にすみ分けているのである。

足元の身近な生物

3つ目の理由は、私たちの足元にすむ身近な生物の多様性である。ミュージアムに着任して驚いたことは、ラン科植物のエンシュウムヨウランやクロヤツシロランが豊富に生えていたことであった［図4⑮］。これらの植物は葉が無く光合成をしないという変わった特性を持つ絶滅危惧種であるにもかかわらず、ミュージアム裏山の自然観察路に生育していた。光合成をしないラン科植物は生育に必要な栄養を共生している菌から得ている。言い換える

図4⑭　蛇紋岩植物のミカワマツムシソウ

と、菌に寄生する植物、もしくは菌を食べて生きている植物である。植物でありながら光合成をせずに菌と共に生きていくという変わった特徴を持つ植物が、ミュージアムが位置する典型的な里山環境に見られるのである。これは、静岡県の里山環境にもさまざまな生物があふれていることを端的に示している。

深山や密林でなくても、身近な自然の中に、希少なランやきれいな花、目立つ鳥のほか、目に見えないほど小さな虫や土の中の菌類など、多様な生物が暮らしているのである。地域の生物多様性は、長い地史的な時間と有史以来の人と自然との関わりの中で形づくられてきた。里山は人が切り開き、管理することで生まれた自然で、そこには人と自然の良好な関係があった。

しかし、生活や農業の近代化に伴って、里山の雑木林や草原は管理が放棄され、豊かな自然は失われつつある。実際、草原や里山に生育する、かつては普通に見られた種類の生物が絶滅危惧種になっている。生物多様性を理解するためには、「どんな生物がすんでいるのか」と「生物たちがどのように関わりあって暮らしているのか」を知ることが重要である。一見何の変

図4⑮　菌従属栄養植物のエンシュウムヨウラン

哲もないような都市近郊の自然の中にも、まだよく分かっていない「もの」（生物）や「こと」（関係性）があふれているはずである。

世界でここだけの固有種

オサムシという後翅《こうし》が退化し飛ぶことができない甲虫の一群がいる、日本列島には39種のオサムシが生息しているが、そのうちの29種が日本固有種である。この中でも19種が知られているオオオサムシ亜属（*Ohomopterus*）は、すべてが日本固有種だ。静岡県内では8種のオオオサムシ亜属が分布しているが、この中でアオオサムシ種群と呼ばれているものは特に興味深い分布を示している。静岡県を東から東海道に沿って眺めてみると、東部ではアオオサムシとシズオカオサムシが見られ、この2種は同じ場所で見られることもある。西に進んでいくとやがてアオオサムシは見られなくなり、静岡市あたりでは、シズオカオサムシだけが生息している。ところが、大井川を越えると今度はカケガワオサムシに入れ替わり、天竜川を越えるとミカワオサムシに入れ替わるのだ。大井川と天竜川という大河川に挟まれた地域では、この場所で独自の進化を遂げて固有種となったカケガワオサムシが生息している。これはオサムシ類に飛翔能力がないため、大河川を越えることができず、他の地域との遺伝子の交流が途絶えることで、独自の固有種に進化したものと考えられる。この地域の固有種としては、やはり飛ぶことのできないカケガワフキバッタも挙げることができる。これらは世界中で静岡県の大井川と天竜川の間にしかいない生物なのである。より体の小さなハネカクシという甲虫で後翅が退化したものは、オサムシやバッタよりさらに移動能力が低く、より細かな地域で種分化を遂げていることが分かってきた。アバタコバネハネカクシ属（*Nazeris*）はこれまで日本から25種が記録されている森林の土壌にすむ3ミリメートル程度の甲虫であるが、そのうち7種が静岡県で知られ、うち3種はこれまで静岡県でしか見つかっていないもので、固有種と考えられる。小さな土壌性の生物の詳しい分布は調査が不十分で、これからも未知の種、固有種が見つかるだろう。固有種と考えられるこのハネカクシのうちの2種は伊豆半島の固有種である。伊豆半島は、かつて海に浮かぶ島（海洋島）であった地塊が本州と衝突してできたと考えられている。海洋島にはガラパゴス諸島や小笠原諸島のように島特有の進化を遂げた固有の生き物がいることが知られている。かつての名残か、伊豆半島には植物にも固有種であるアマギテンナンショウ、イズドコロ、イズカニコウモリなどが生息している。

すべての生物は固有の分布域を持ち、種によってその広さは異なるが、それはその種の進化の歴史を示している。ある種は前記のように、狭い範囲の固有であることもあれば、クモマツマキチョウのようにヨーロッパから日本の南アルプスにまで生息する種も存在する（ただし日本の分布域は高山に限られる）。生物はその地域の地史とその地域に成立してきた生物群集の歴史の結果として、その「場」に存在する。それは人間が地球上に存在する以前から連綿と続いてきた生物進化の歴史の結果である。すべての生物には、その種が辿ってきた長い歴史があり、その存在そのものが尊いと私たちは考えている。生物多様性を守る意義として、先に第2章で「生態系サービス」の重要性を述べたが、歴史的産物である生物は、失われると二度と戻らないものであり、存在そのものに価値があるといえるだろう。人間の役に立つ「生態系サービス」と歴史的存在としての「生物そのものの価値」は、両方を認識した上で保全していかなくてはならない。

過去から未来に継承される標本

展示室7には、学習机の天板を積み重ねた展示ケースや展示台に多くの標本が並んでいて、静岡県に生息する多種多様な生物の存在を実感できる［図4⑯］。壁一面に展示された植物の腊葉《さくよう》標本に目を向けると、アカイシコウゾリナ（赤石）、アシタカツツジ（愛鷹）、アベトウヒレン（安倍）、アマギテンナンショウ（天城）、イズアサツキ（伊豆）、エンシュウハグマ（遠州）、シブカワニン

図4⑯　展示室7「ふじのくにの生物多様性」

ジン（渋川）、スルガスゲ（駿河）、フジハタザオ（富士）という県内の地名を冠した植物がたくさんあることに気が付く［図4⑰］。これらの植物名は初めて記録された場所が静岡県であったことに由来している。つまり、これまでに植物学者による丹念な調査が行われてきたという事実を示している。

現在、ミュージアムには約28万点の植物標本、49万点を超える昆虫標本が収蔵されている［図4⑱］。そして、ミュージアム全体に所蔵される自然史標本は90万点を超えている。これらの標本は、「もの」（生物）や「こと」（関係性）を1つずつ解き明かしていくための一次資料として収集保管されてきた。

標本は、過去から現在、そして未来へと受け継がれていくものだ。過去の標本が残されているからこそ、明らかになる事実がある。それは、静岡県からは既に植物3種、哺乳類2種、昆虫類6種、陸・淡水産貝類1種が絶滅してしまったという事実である。さらに、静岡県内に生育する生

図4⑰-1　アマギテンナンショウの生体

物のうち、両生類28％、淡水魚類17％、陸・淡水産貝類15％、植物14％、鳥類13％の種において絶滅の恐れがあることが指摘されている。豊かで変化に富んだ自然環境を持つ静岡県は多種多様な生物が暮らしている生物多様性の宝庫といえる一方で、その中には累卵のような脆《もろ》いバランスと基盤の上に辛うじて成り立つ生態系があることもまた、事実なのである。静岡県の特色豊かな生物が100年後も多種多様であり続けるために、未来の子どものためにつないでいく必要がある。

図４⑰-2　アマギテンナンショウの標本

骨が語る脊椎動物の進化

古来、人々は骨から死の尊さと生命の創造を学んできた。人類も含めた脊椎《せきつい》動物が5億年の道のりで獲得した骨のデザインは神秘的かつ、実に合理的で、私たちを魅了する。骨の形は、その動物が祖先から引き継いだ特徴と子孫として新たに得た特徴がモザイクのように合わさってできている。変哲のない形か

図４⑱　ミュージアムの植物収蔵庫

らも、系統進化の道筋を読み取ることができる。そのナゾを見ていこう。

　展示室８に配置された学習机には、脊椎動物20種の骨格標本が並んでいる〔図4⑲〕。入ってまず目に付くのはキアンコウ、その後ろにコイが並ぶ〔図4⑳〕。海底で獲物を待ち構えるキアンコウは体が平たく、肉食魚としてふさわしい鋭い歯を持っている。これに対し、遊泳性のコイは流線型で鰭《ひれ》が大きく発達する。一見、コイには歯が無いようにも見えるが、咽頭骨と呼ばれる喉の骨にヒトの臼歯のような歯が付いており、吸い込んだ水草や無脊椎動物をすり潰して食べている。コイの咽頭骨は鰓骨《えらぼね》が変形したもので、ここに脊椎動物進化の原点を見ることができる。

　およそ５億２９００万～５億１４００万年前、カンブリア紀に生命の大爆発、すなわち多細胞生物の急激な多様化が起きた。その中で、背骨の原型である脊索《せきさく》（体の中心を通る軸）と遊泳性の尾をもった生物が出現し、後に魚類へと進化した。原始的な脊索動物から魚類への変化で着目されているのは顎《あご》の獲得である。顎骨は、前述したコイの咽頭骨と同様に、鰓骨が変形したものと考えられている。このように、骨は突然変異と環境への適応により機能を全く別のものに変える場合があり、これが繰り返されることで脊椎動物は進化してきた。

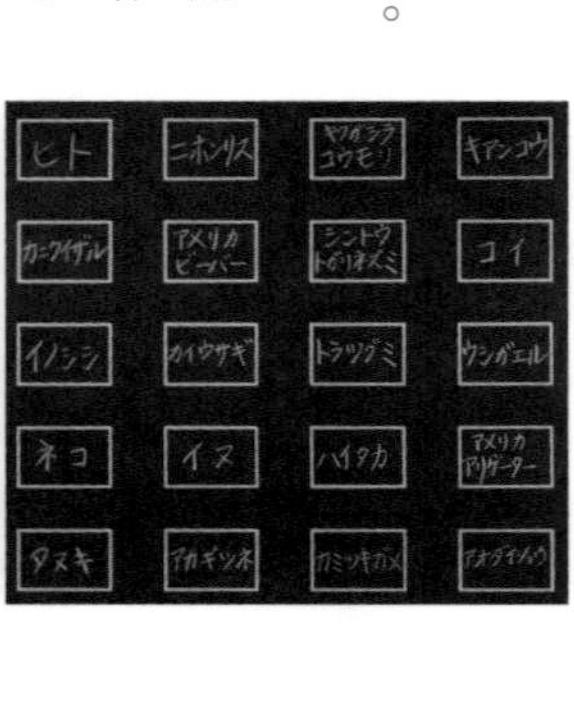

図4⑲　展示室8「生命のかたち」

コイにウシガエルの骨格が続く。両者の違いはあえて言及するまでもないが、魚類から両生類へのプロセスは脊椎動物の進化史において最もハードルが高い変化であり、そしてドラマティックな展開だったに違いない。カンブリア紀以降、地球上には広大な海が広がり魚類が多様化し、同時に陸域では植物が繁栄したことで節足動物や脊椎動物が陸上進出を遂げた。シーラカンスや肺魚の仲間が四肢を獲得して上陸し両生類に進化したというストーリーはあまりにも有名な説であるが、正確には肉鰭《にくき》類の中で「より魚っぽい形」をとどめたユーステノプテロンから「より両生類っぽい形」を持ったイクチオステガへの移行がモデルとして挙げられている。

驚くべきは、この劇的なイベントがせいぜい2000万年の間に起きたという事実である。分かりやすい例として霊長類を挙げるならば、サルから人類への進化、つまり四足歩行から二足歩行へ変化した時間と同じくらいだ。しかし、魚類から両生類になるためには鰭から肢への変化に加え、重力から体を支えるための体幹の変化、肺呼吸、乾燥対策など多くのステップが存在するはずである。両生類はデボン紀以降の地層からさまざまな種類の化石が発見されているが、その起源は諸説あり、またカエルやイモリなど現生の両生類との進化的なつながりもいまだ解明されていない。解読できないナゾも

図4⑳　キアンコウ（左）とコイ（右）

また興味をかき立てる。

爬虫類といえばトカゲ、ヘビ、カメ、ワニを指し、これに恐竜などの絶滅系統を含めたグループと説明される。しかし、最近では恐竜の竜盤類が鳥類と近縁であることが知られるようになり、少々複雑であるものの、鳥類も系統上はまぎれもなく爬虫類の一構成群である。展示室8ではアメリカアリゲーター、アオダイショウ、カミツキガメ、ハイタカ、トラツグミの骨格を順に観察することができる。ただ、もはやどれとどれが系統的に近縁なのかを骨の形から判断するのは難しい。

爬虫類はさまざまな環境に適応したことで、その骨格も多種多様であるが、頭骨を観察すると、上下にしか開閉できない単純な顎関節や、形が分化していない牙状の歯（もしくは歯を持たない）など共通点が見えてくる。初期の爬虫類は、およそ3億年前に古代型両生類の1グループから分岐したトカゲのような動物だった。形態観察による古典的な分類では、眼窩《がんか》（眼球の収まる穴）の後ろに開口する穴（側頭窓）とその輪郭を形成する弓状の骨の数によって、無弓類（カメ目）、単弓類（哺乳類）、双弓類（ワニ目、有鱗目）と区別されてきた。

初期の爬虫類（ヒロノムス等）の頭骨はカメと同様に側頭窓を持たないため、無弓類から双弓類へ進化したという説が長らく受け入れられてきた。しかし、鳥類が側頭窓を持たないことからも分かる通り、側頭窓の数は幾度も増えたり減ったりした可能性があり、爬虫類の進化の道筋を正確に示すものではないことが分かってきた［図４㉑］。このように、骨の形の類似性は必ずしも系統的な近縁関係を示すものではなく、収斂《しゅうれん》や、先祖返りといった現象が分類学者を混乱させている。

ギリシャ語で「恐ろしい（deinós）＋トカゲ（saûra）」を名前の由来とする恐竜（dinosaur）は、その名の通りトカゲのような生き物であるが、実際はトカゲやヘビを含む有鱗目よりも、カメ目やワニ目の方が近縁である。形の類似と系統の近縁関係が直接結び付かない良い例がカメであろう。カメは水生適応とともに、甲羅という守りに徹する革新的なデザインを獲得した。ちなみに甲羅は椎

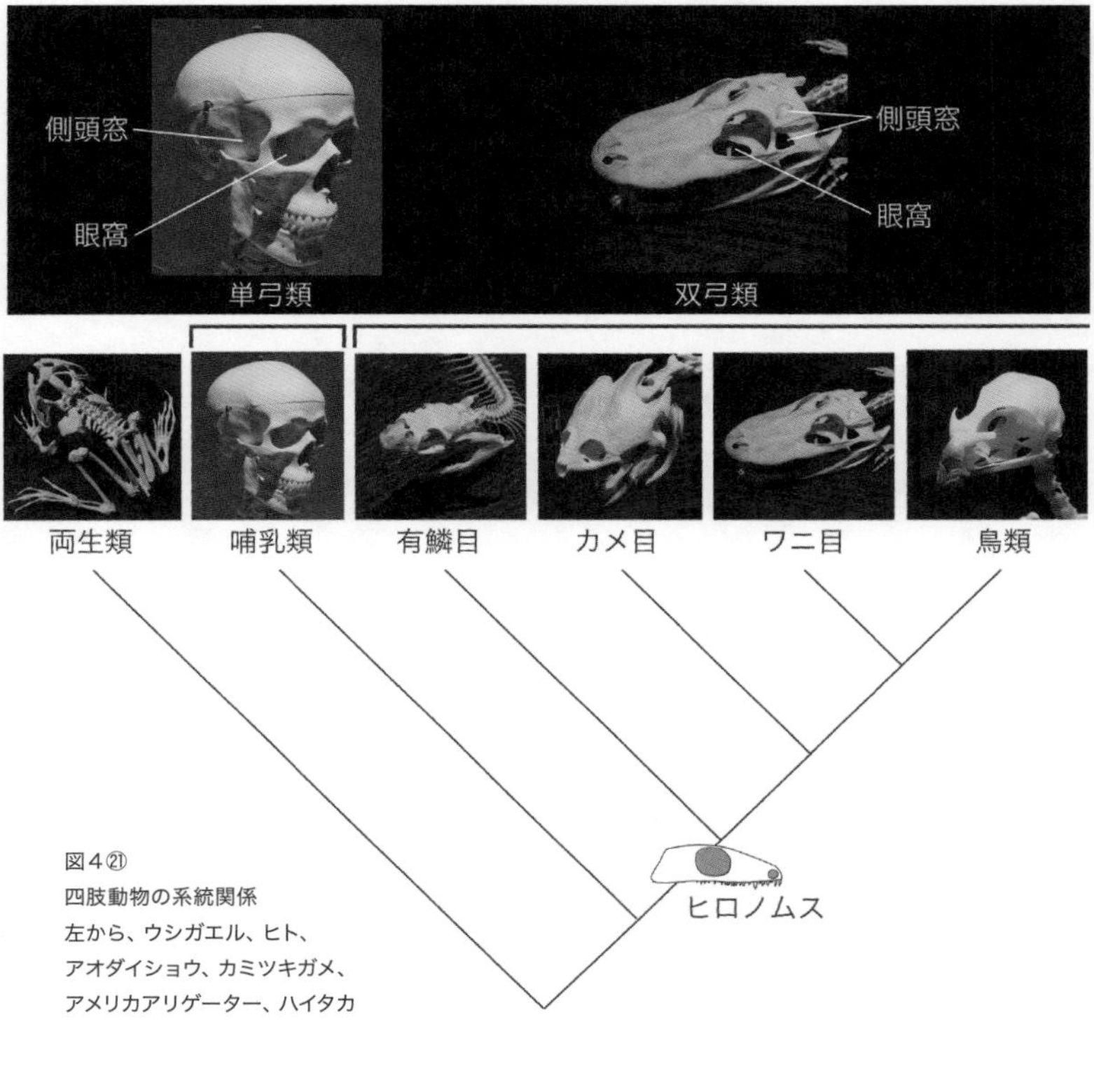

図４㉑
四肢動物の系統関係
左から、ウシガエル、ヒト、
アオダイショウ、カミツキガメ、
アメリカアリゲーター、ハイタカ

骨と肋骨が変形したものである。通常、脊椎動物の肩帯（前肢）は肋骨の外側に配置されているが、カメの場合は肋骨由来の背甲と腹甲が肩帯を含むすべての骨を囲っている。これにより、外敵が迫った時に手足と首を甲羅の中に引っ込めることが可能となる。実に理にかなった構造であるが、その進化の過程を示す明確な証拠はいまだ無い。

一方、体の無駄なパーツをすべて排除したヘビは、ハンターとしての素早い移動能力と潜伏能力を獲得した。白亜紀末に恐竜をはじめとした多くの爬虫類が絶滅する中で、ヘビやカメ、ワニといった勝ち組は、白亜紀から現在まで外見がほとんど変化していないのをご存じだろうか。すなわち、彼らの特殊な体と生態こそが進化的に安定だということなのかもしれない。

私たちヒトは、リンゴの木を見つけると木に登って果実をもぎ取ることができる。これは回転の融通が利く手足と、物を把握できる指が備わっているからである。リンゴを食べるためには、まず前歯（切歯）でかじり取り、次に奥歯（臼歯）で噛み砕いてから呑み込む。臼歯を細かく見ると複数の突起（咬頭）とそれによって形成される谷間（三角野と距錐野）があり、これらが噛み合わさることで食べ物の擦り潰しと切り裂きが同時にできる。現在4000種以上確認されている哺乳類の形態と生態はさまざまだが、それらは食の変化とともに進化してきた。

哺乳類の起源はおよそ2億3000万年前まで遡る。最初期の種は、展示室にあるシントウトガリネズミのような骨格をした小型で虫食性の動物だったと考えられており、その中で中生代末の大絶滅事件を生き残った一群が新生代の初めに爆発的に多様化した。シントウトガリネズミを含む真無盲腸目《しんむもうちょうもく》とキクガシラコウモリなどの翼手目《よくしゅもく》は系統的に近縁と考えられており、いずれの種も虫食性であることから歯も切歯から臼歯までトゲトゲした鋭い山型を形成する。しかし、前者は地上（または地中）生、後者は飛翔生であるため、それぞれの骨格は当然ながら全く似ていない。シントウトガリネズミは体格の割に頑丈な上腕骨を持ち、一方でキクガシラコウモリの前肢は翼を形成するため細長く、骨の内部が空洞になる［図4㉒］。頭骨においても、シントウトガリネズミの吻部は先細りで円錐形であるのに対し、キクガシラコウモリは鼻葉と呼ばれる超音波を発する器官が発達しており、鼻部が大きく開口している。こうした形の多様化は恐竜が絶滅した直後、およそ6000万〜5000万年前の間に起きたことが分かっている。

　食う・食われるという関係にある肉食獣（食肉目）と草食獣（有蹄《ゆうてい》類）は共進化ともいうべきプロセスを歩んできた。ウシやウマに代表される草食獣の四肢骨は単純化し、運動に関与する骨の数を減らすことで走行性能を最大限引き出すことができる。イノシシは、偶蹄目《ぐうていもく》の

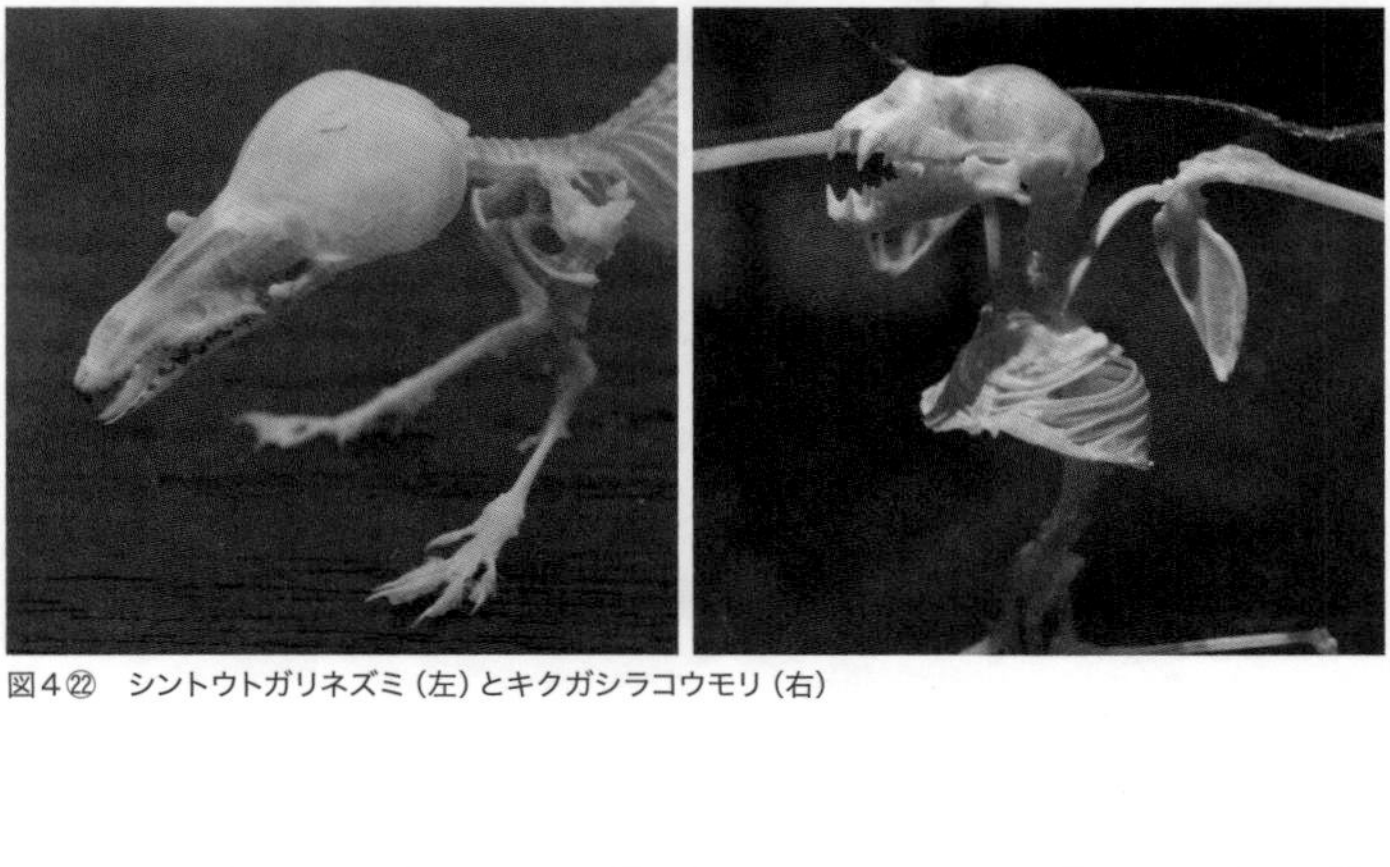

図4㉒　シントウトガリネズミ（左）とキクガシラコウモリ（右）

中では原始的な特徴を保持する動物で、ウシやウマほどの完璧な走行性能を獲得していないが、上腕骨と尺《しゃっ》骨《こつ》・橈骨《とうこつ》の関節、脛骨《けいこつ》と踵骨《しょうこつ》・距骨《きょこつ》の関節など滑車部は前後方向（歩行時に動かす方向）にしか回転しない［図4㉓］。また、前後4本ずつの指の中で第3指骨と第4指骨が蹄《ひづめ》を形成し、他の2本は縮退している。獲物を追いかける必要がある肉食獣も、草食獣のような四肢骨を持っているのかというと、そうではない。食肉目の場合、走行だけではなく、獲物を捕らえ瞬時に殺傷するための武器として鉤爪《かぎつめ》を備える必要があり、四肢骨の単純化に限界がある。それでいて少しでも走行性を向上させるた

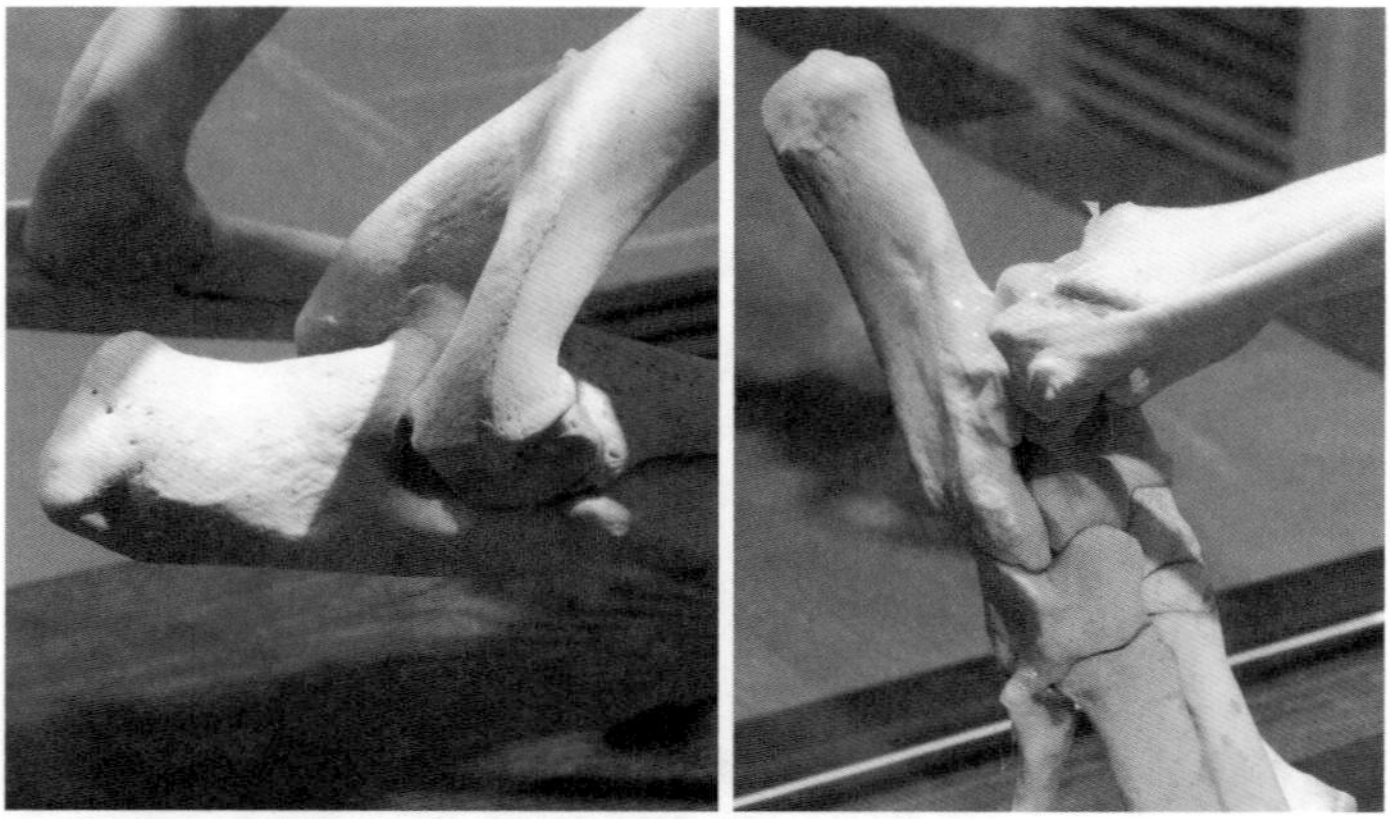

図4㉓　イノシシの前肢肘関節（左）と後肢踵関節（右）

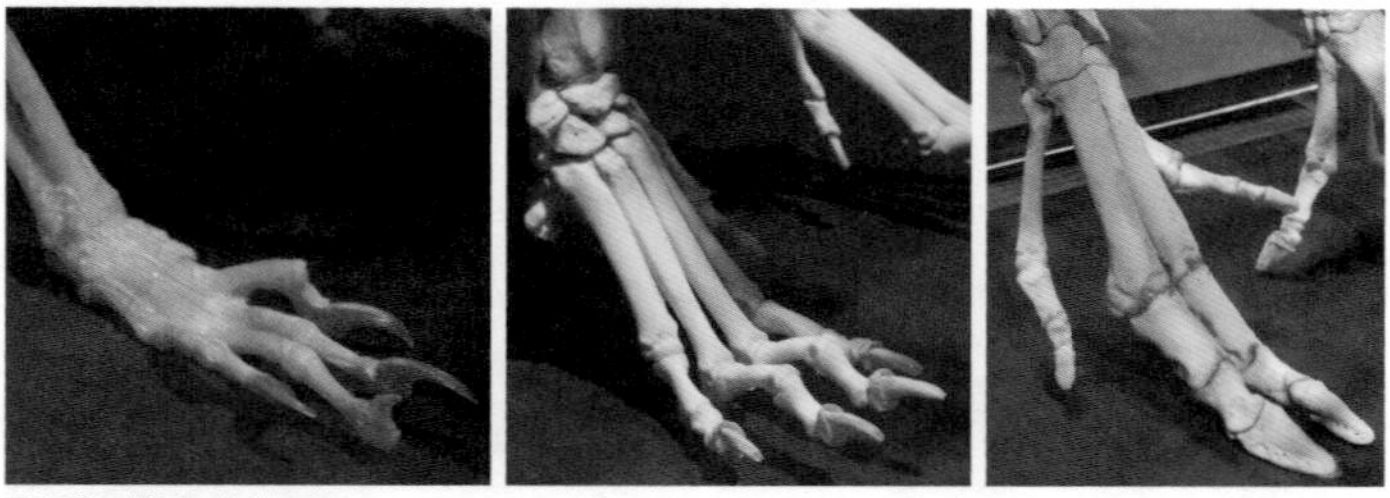

図4㉔　指骨の比較
左から、シントウトガリネズミの前肢（蹠行性）、イヌの前肢（趾行性）、イノシシの後肢（蹄行性）

めに、ネコ科やイヌ科は踵を浮かせて爪先立ち（趾行《しこう》）するという手段を取っている【図4㉔】。脚の長さが長くなるとともに、地面との接地面積が最小限に抑えられるので、素早い移動ができるのだ。

「ヒトの祖先はネズミのような動物だった」という話を耳にしたことがあるかもしれない。ヒト（霊長目）とネズミ（齧歯目《げっしもく》）は全く異なる動物なので、にわかには信じがたいことだが、霊長目、齧歯目、兎形目《とけいもく》（ウサギ目）は真主齧類《しんしゅげつるい》と呼ばれるグループを構成しており、これらの共通祖先は中生代と新生代の境界（約6600万年前）前後に分岐したらしい。初期の霊長目またはそれに近縁とされるプレシアダピス類はリスのような骨格をしていたと考えられているが、実際に展示室のニホンリスとカニクイザル、ヒトの骨格を比べてみると、違いだけではなく共通点も見えてくる。まず、四肢骨を観察すると、前述した偶蹄目や食肉目に比べて関節部の結合が緩く、特に霊長目は手足を自由に回転（外転・内転）できるような構造をしている。前後の指の数も4本または5本であり、これらの特徴により木の上のリンゴを食べるこ

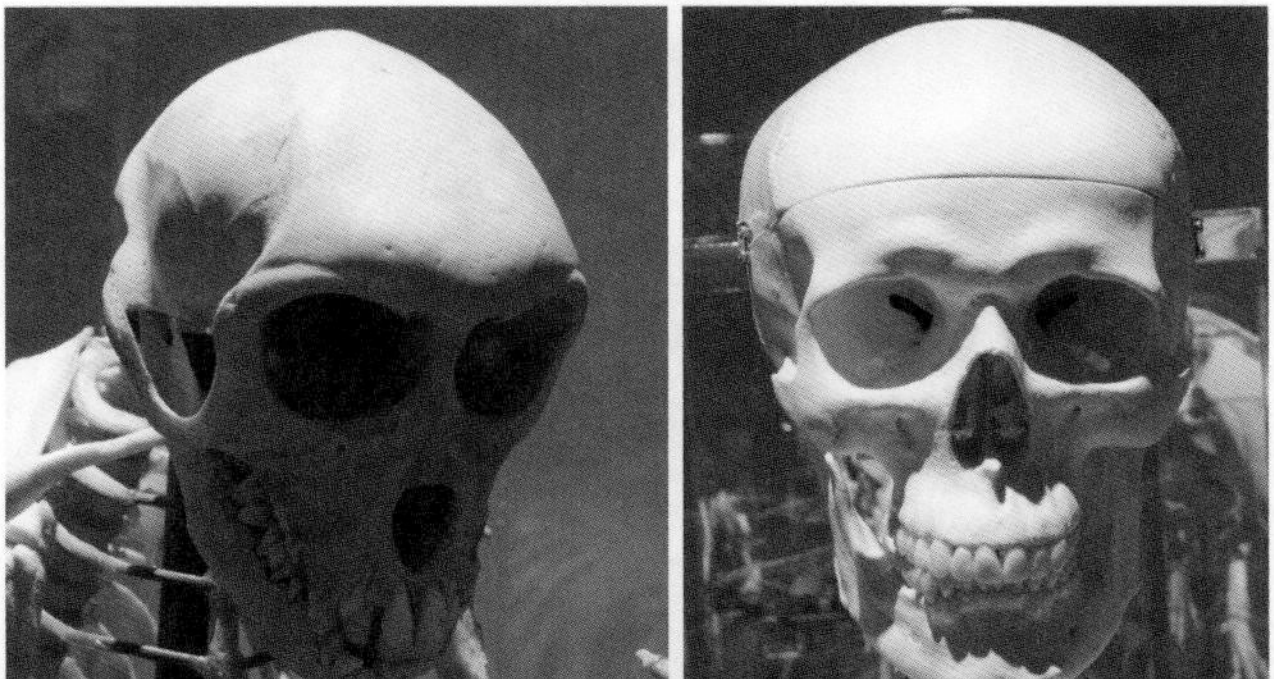

図4㉕　カニクイザル（左）とヒト（右）

とができる。さらに霊長目は、物を把握できる指（母指が他の指と対向する点）に加えて鼻側に近づく目（眼窩《がんか》の向く軸）を持っているため【図4㉕】、物と物の立体的な距離感をつかむことが可能であり、木の上でリンゴをもぎ取ったり、虫を捕まえたりすることもできるようになった。これらは樹上生活への適応と関連付けられるため、ニホンリスの眼窩軸もアメリカビーバーや兎形目のカイウサギと比べると若干内側に寄っているが、霊長目ほど顕著ではない。

この項では脊椎動物の骨の適応進化に焦点を当てて解説してきたが、この他にも骨から分かることはたくさんある。動物の死骸は放置すればそのまま土に帰るだけである。しかし、骨格標本として息吹を与えることで、その動物の特徴と進化について、究極的にはヒトとは何かを語る重要な学術資料として蘇ることを忘れてはならない。

第五章　地球環境リスクと百年先

百年先の前に立ちはだかる臨界点

２０１９年11月にイギリスの科学誌「ネイチャー」にエクセター大学の気候科学者レントン博士が寄稿した論文には、次のように書かれている。

「地球の気候のための残された時間は、もはやゼロになったといっても過言ではない」

私たちは、地球のシステムがもう元に戻れないという、臨界点（ティッピングポイント）を迎えてしまったというのだ。博士は、地球の気候に対して大きな影響力を持つ要素のうち、南極の氷床（厚い氷）の融解が、臨界点を超えてしまったと指摘する。これまでは、臨界点は地球の平均気温の上昇が5度以上になったときと考えられてきたが、気候変動による政府間パネル（ＩＰＣＣ）の２０１８年の「１・５度特別報告書」では、１度から2度の上昇でも起きうると初めて記載された。そして、ついにその状況が起き始めているというのだ。

子子孫孫と紡いできた豊かな自然環境と人の暮らしが織りなすちょうどいい静岡県の今にも、ものすごく恐ろしい何かが忍び寄ってきている。

果たして、その正体は何で、どんな格好をして、どんな登場の仕方をするのか。そして、どのように近づいてくるのか。私たちはこの得体の知れないもの

図5①　展示室9「ふじのくにと未来」

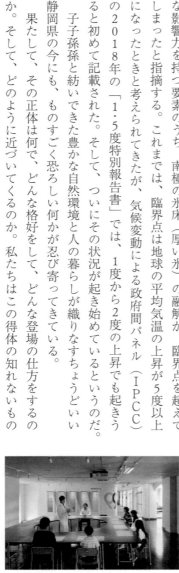

に対して、どのような心構えを持ち、どのように正対すればよいのであろうか。

ミュージアムには、全国津々浦々の博物館には決して存在しない風変わりな空間がある。それは本当の豊かさを探す旅に出た来館者が、地球の歴史を学びながら静岡の豊かな自然や、生態系、歴史を知るための8つの展示室を巡ったその先にある、「会議室」だ。常設展示室の9番目の空間には、標本や資料が1つもなく、20人ほどが着席できる大きな机といす、それにプロジェクターを備えたスクリーンとスピーカーが装備されているだけ。こんな空間を設けたのは、このミュージアムだけであろう［図5①］。

実は、この部屋には道先案内人がいる［図5②］。ミュージアムインタープリターと名付けられた彼らが語るのは、「7＋1」の地球環境リスクである。それは、46億年にわたる地球の歴史から見れば、ごく最近に誕生した人類が、自らが生き抜くために、招いてしまった制約となりうるリスクのことだ。案内人は、日々刻々とアップデートされていくこの環境リスクを紹介している。彼らは口と耳、そして頭脳を備えた、対話する「展示物」といってもよい。

図5②　ミュージアムインタープリター

7＋1の地球環境リスク

案内人が語っている「7＋1」の地球環境リスクの内容は以下の通りである。

1　気候変動

IPCC第5次報告書および、海洋・雪氷圏特別報告書には以下のように記されている。産業革命以降、世界平均地上気温は、1880～2012年の間で、0・85度上昇し、直近30年の各10年間はいずれも1850年以降のすべての10年間を上回って高温であった。また、水深700メートルより浅い海洋において、水温が上昇したことはほぼ確実である。また、世界の平均海面は、1902年から2015年に16センチメートル上昇した。また、人為起源の二酸化炭素を吸収したことで、海洋の酸性化が引き起こされている。温暖化の最大の要因は、大気中の二酸化炭素濃度の増加とされ、それは化石燃料からの排出や、森林から耕作地・居住地への土地利用の変化による排出に伴っ

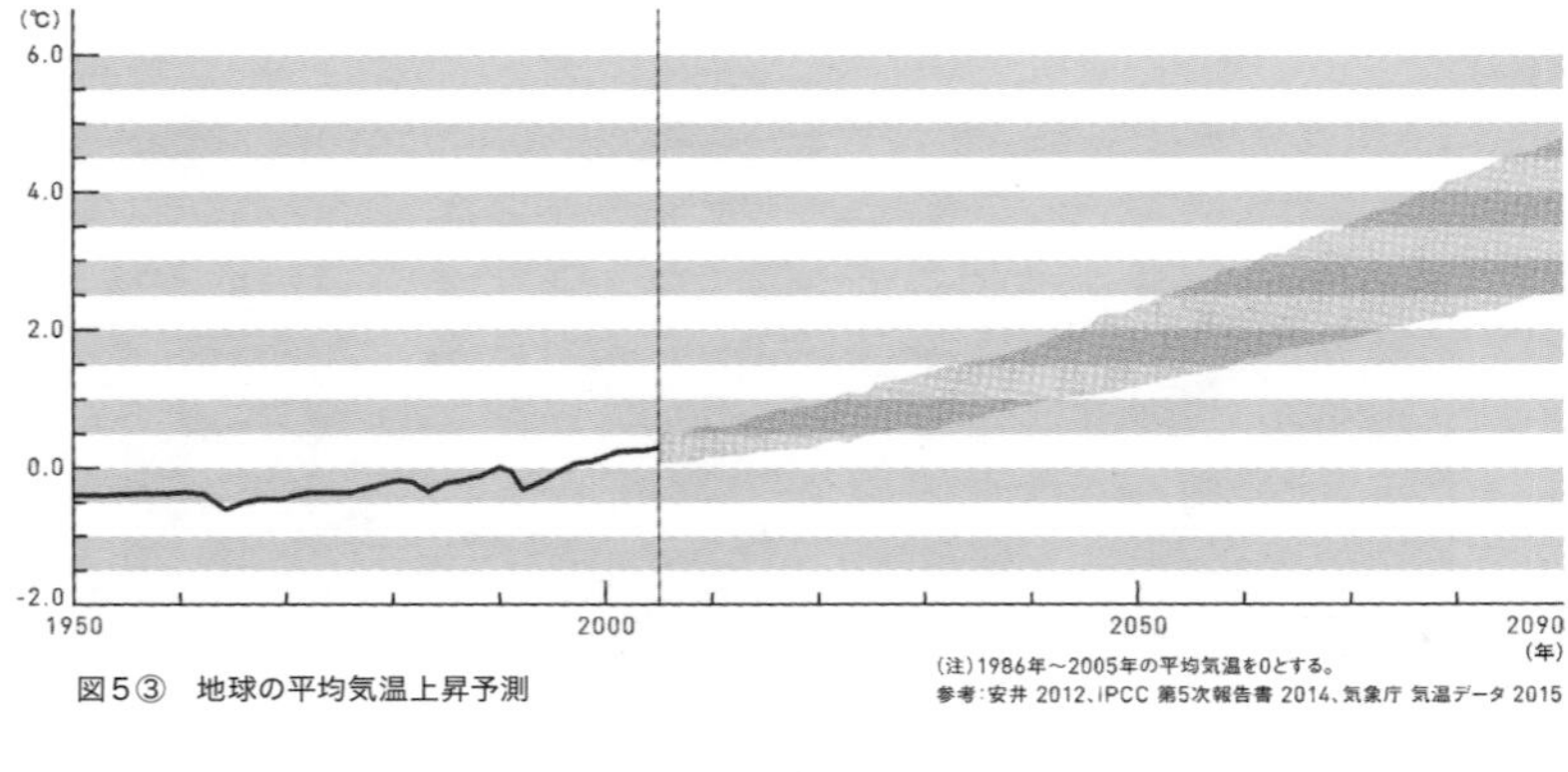

(注)1986年～2005年の平均気温を0とする。
参考：安井 2012、IPCC 第5次報告書 2014、気象庁 気温データ 2015

図5③　地球の平均気温上昇予測

てもたらされ、産業革命以前と比べ約40％増加した。また、二酸化炭素以外のメタンや二酸化窒素といった温室効果ガスの濃度も同時に増加した。このままのペースで排出が続いた場合、今世紀末で最大で4・8度の気温上昇も予測されている［図5③］。

2　エネルギー

18世紀の石炭、そして、20世紀初頭の石油の発見によって、私たちの暮らしは一変した。化石燃料を消費してつくられた多大なエネルギーを使って、テクノロジーは飛躍的に進歩し、私たちは快適で便利な生活を手に入れることができた。世界各地においてエネルギー消費量は、その多くの地域で、年々増加している。世界全体で1965年には年間38億トン（石油換算）のエネルギーが消費されたが、2011年には年間131億トンに上り、2040年には年間196億トンにまで増加すると予測されている。アメリカでは、シェールガス・オイルの本格生産が始まり、既存の石油や天然ガスに代わるエネルギーとして期待が高まっているが、これも地下資源であり、いつか枯渇する日がやってくる。

国際エネルギー機関（IEA）の最新の報告書では、日本のエネルギー自給率は9・7％、化石燃料への依存度は87・4％である。多くの原油が原油産出国から船舶によって輸出されている。船舶の航行経路となっているペルシャ湾ホルムズ海峡は、交通混雑による事故や、海賊による事件も発生しており、安定したエネルギー供給に懸念が生じている。

3　生物多様性

この地球において、知られている生物の種数は120～190万種といわれる。その半数以上は昆虫である。しかし、この数字は私たち人類が把握し、命名している生物の種数で、未知の生物を含めると数百～数千万種が存在していると考えられている。生態系サービスという概念においては、多くの生物の存在そのものが、人間の暮らしに恩恵を与えていると考える。経済的価値に換算すると、世界で年間約1京4000兆円という値になるという。そんなかけがえのない自然から無償で提供を受けている資源も、近年劇的に減少している。

地球上の生物多様性の豊かさを表す「生きている

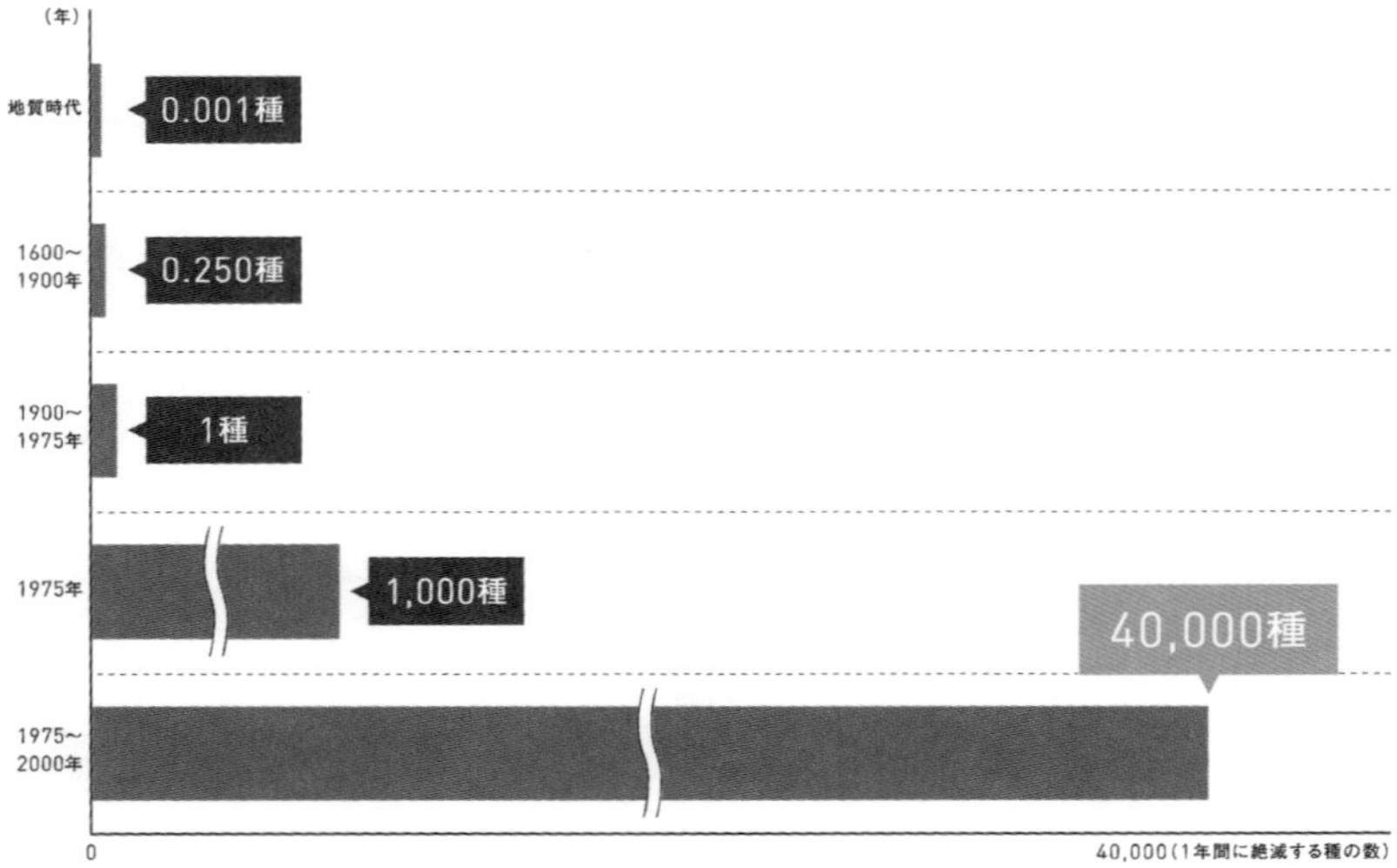

図5④　生物の時代ごとの絶滅速度

参考：マイヤーズ 沈み行く箱船 1981

地球指数」は、1970年から2014年の約40年間に、60％急減した。生物多様性の減少は、生物種の絶滅速度という別の指標から見ても明白な事実であり、現在の生物種の絶滅速度は、これまでの地球史におけるそれと比べて1000倍以上であり、1年間で約4万種が絶滅しているとみられる［図5④］。時間にすると15分に1種。朝の支度をしたり、メールをチェックしたりするそのわずかな時間で、私たちを支えてくれる仲間（生物）が別れも告げずひっそりとこの惑星「地球」からいなくなっているのだ。しかも、国際自然保護連合（IUCN）の2017年の報告によると、地球温暖化が原因となった生物の絶滅は、2000年以降急増しており、現在では8種に1種の割合まで増加し、これからますます増えていくと考えられている。

4　金属資源

今から5500年前、不純物が多く使い勝手もよくなかった銅にスズを混ぜて同時に溶融して出来上がった青銅。これが、人類の1つの時代を終焉させるほどの大発見であったことは、誰しもが疑いのない歴史的事実として認識している。その後、鉄、アルミニウムなどが登場し、近年ではレアメタルなどの金属も利用されて、世界の産業を振興し、日常生活を豊かにしている。例えば自動車には、車体はもちろん内部のモーターやバッテリーなどあらゆる部品に、たくさんの鉱物資源が使われている。今や鉱物資源なしでは、工業製品は成り立たない。

そんな金属資源の多くが、２０５０年までに累積の需要量が埋蔵量を超えて枯渇してしまうといわれている。特に日本は、多くの金属資源を輸入している。鉄の原料となる鉄鉱石や、アルミニウムの原料となるボーキサイトなどは、ほとんどを輸入に頼っており、最近30年間の自給率はほぼ０％である。枯渇を回避するためには、金属資源のリサイクルを進めていくことが重要であるが、回収に莫大なコストがかかる上に、大規模な設備投資が必要であることから、短期的な費用対効果の観点から敬遠されている。

ゴミとして大量廃棄される全製品中に存在する有用な金属資源のことを、「都市鉱山」と呼ぶ。国立研究開発法人物質・材料研究機構の報告では、日本の都市鉱山は全世界埋蔵量の１割を超える金属に相当するとされ、日本は世界有数の資源国であると論じている［図５⑤］。２０１９年にノーベル化学賞を受賞した吉野彰氏が開発したリチウムイ

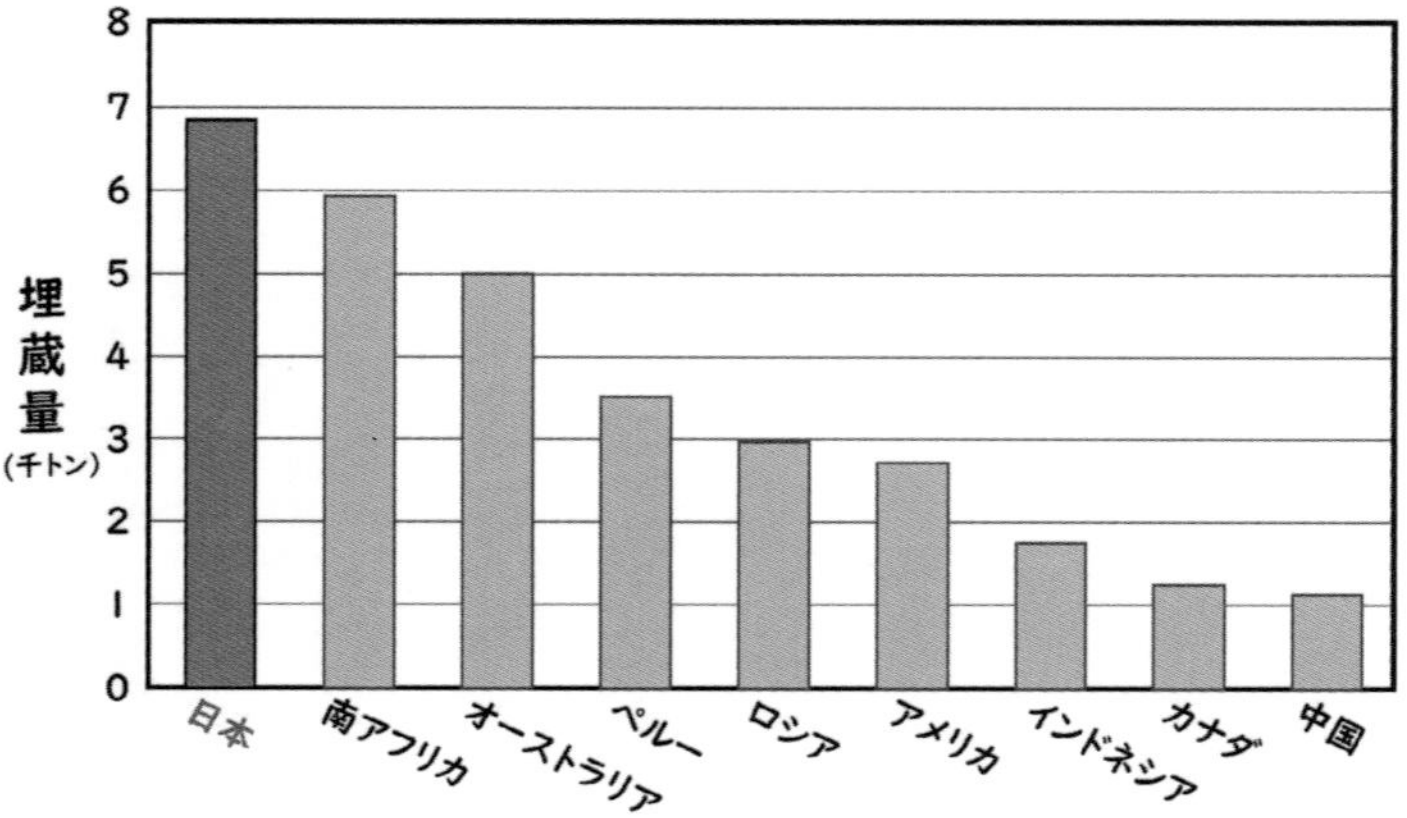

図５⑤　都市鉱山を含む有用金属の国別埋蔵量

オン電池に使用されるリチウムを例にすると、都市鉱山中のリチウムは、現在の地球で1年間に消費されている量の7倍以上を賄える計算になる。リサイクルの技術や再生産体制の早期構築が必要である。

5 水

地球には14億立方メートルの水が存在し、そのうち海水が97・5％、淡水は2・5％である。淡水のうち約70％は氷河や万年雪となっており、湖や河川の水の量は全体の0・3％（地球全体の0・01％）である。500ミリリットルのペットボトルを地球上すべての水に例えるならば、私たちが利用できる資源としての水は、わずか一滴。地球を水の惑星と呼ぶには極めて少ない量のように感じる。しかも、資源としての水には地域偏在がある。国連食糧農業機関（FAO）のデータベースを基に、1人当たり年間水資源量を算出すると、首位はアイスランドになる。最下位はクウェートであり、その差は約150万倍と広がっている。日本は、温帯の気候区分に属し、年間降水量1800ミリメートル程度。水の豊富な国というイメージがあるが、実は96位である。年間水資源量は、日本人1人当たり年間700立方メートルであり、先進国平均の1000立方メートルより少ない。

世界保健機関（WHO）、国連開発計画（UNDP）によると、現在世界全体で11億人が安全な飲料水の確保ができずにおり、24億人が衛生的な生活用水を確保できていない。そのため、汚染された水資源による死亡者数は年間200万〜500万人と推定されている。原因は、島国である日本のありようにも関係している。

仮想水（バーチャル・ウォーター）という概念がある。大量の食料や原材料を輸入する国において、自国で生産したと仮定した場合に必要となる水の量を指す。食料自給率が4割に満たない日本は、実は他国の水を間接的に大量に使用していることが分かる。それは実に年間1人当たり520立方メートルという計算になる。直接水と仮想水を合算すると計1220立方メートル。日本は限りある貴重な資源である水の消費大国であり、使用している水は自国のものだけでなく、他国の水をも収奪しているのが真の姿なのである。

6　食料

世界の食料需給は、2010年を基準として2050年には1・7倍に増加し、特に低所得国では約2・7倍に急増すると予測されている（2019年9月農林水産省公表）。1人当たりの収穫面積が減少する中で、単収（単位面積当たりの収穫量）の伸びも鈍化する傾向にあり、地球規模の気候変動の影響などと相まって、中長期的には食料危機に陥る可能性が指摘されている。

2020年のノーベル平和賞に輝いた世界食糧計画（WFP）を始めとする5機関が2018

年に報告した内容によると、2018年は推計8億2000万人（世界の9人に1人）が飢餓の状態とされ、この3年間は増加の一途を辿り、10年前の水準に戻ってしまった。特にアジアやアフリカ地域において、その傾向は顕著で、当該地域の子どもの10人のうち9人までに発育障害がある。

　日本に目を向けてみると、日本の食料自給率はカロリーベースで37％（2018年現在）であり、先進諸国中、最低の値である。つまり、約6割の食材は外国産ということとなる。実に1年間に約5800万トンもの食料を平均1万5000キロメートルの距離を運び輸入している。食料の輸送に伴って排出される二酸化炭素が、地球環境に与える負荷に着目したフードマイレージという概念がある。2010年の統計では、日本は世界で一番のマイレージを獲得している［図5⑥］。地球環境に大きな負荷を与えているという点で国際的に

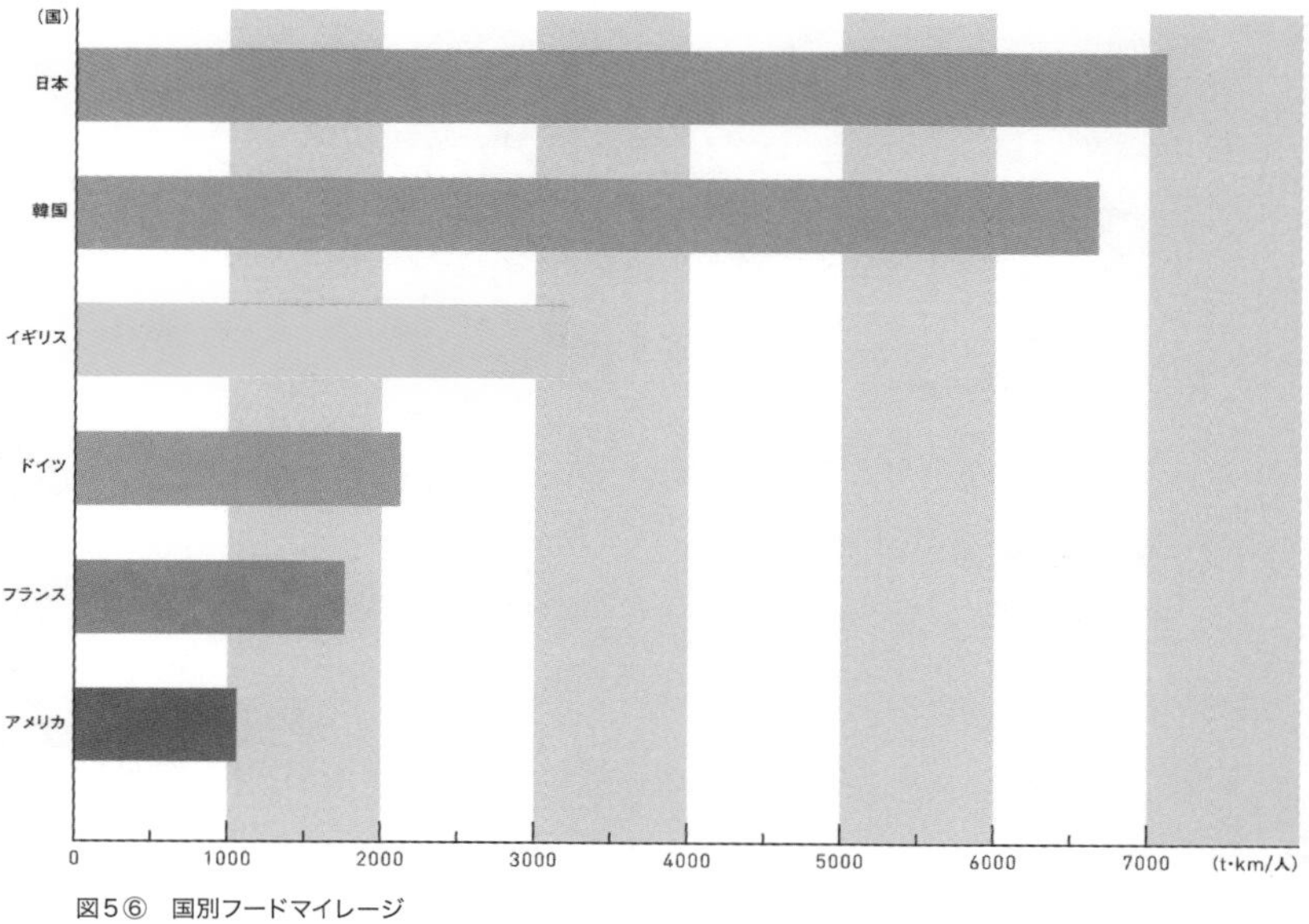

図5⑥　国別フードマイレージ

いだろうか。

も不名誉なことで責任が重いだけでなく、自国の安全保障という観点からも大きな問題ではないだろうか。

7　人口

世界の人口は2019年に77億人を突破した。100年間で人口が2倍を超えることを人口爆発というらしい。人類の歴史を見ると、人口爆発状態は19世紀後半に入ってから先進諸国で始まり、そして今、途上国で起きている。紀元には約1億人であった世界人口は、産業革命後の1900年には既に15億人に達していた。そして現在、1時間に1万人の赤ちゃんが誕生する増加ペースのまま推移し、2100年には108億人（67億～166億人の幅を有する）に達すると予測されている。

一方、日本では江戸時代には3000万人前後とされていた人口は、1950年には8320万人で、その後も増加を続けてきた。しかし、2008年の1億2800万人をピークに減少へと転じた。減少傾向はこのまま進行すると予測され、2100年には5000万人（3700万～6600万人の幅を有する）になると予測されている。2010年以降、日本を含めた27の国と地域で、人口の減少とともに少子高齢化の進行が予測されている。不安定な人口問題が世界各地で起き始めている。

プラスワン（＋１）　自然災害

現在、世界で約30億人が暮らす海に面した沿岸地域は平らな土地が広がり、土地を改変しやすく水も得やすい。日本も例外ではなく日本人の10人に８人が標高１００メートル以下の低地に住む。定住しながら安定的な生活を送る場所として最適と判断しているからである。

当然、全長５００キロメートルを超す海岸線を有する静岡県も例外ではない。しかし、この場所は命の危険にさらされる場所でもある。南方に広がる太平洋の海底は、２枚の異なるプレートが接する南海トラフであり、海溝型の巨大地震が発生する。この場所で１７０７年10月28日に発生した宝永地震は、推定マグニチュード（M）８・６の巨大地震であり、東海、東南海、南海の３つの領域の断層【図４⑫ ※105頁】が同時に破壊された。地震によって津波が発生し、東海道も不通になるなど大きな被害が出た。この地震の49日後には、富士山で大噴火が起こった。

それから１４７年後の１８５４年12月23日、再び巨大地震が発生した。安政東海地震と名付けられたこの地震の規模は推定M８・４であり、東海・東南海の領域で断層が大きく崩れ動いた。静岡県の沿岸部は最大で６・８メートルの津波に襲われた。このような自然災害は、歴史的に見ても繰り返し発生している。過去に学び、地震などの自然災害を乗り越える対策を立てることが求められている。

近年では、７＋１のリスク以外に、マイクロプラスチック問題を含む海洋プラスチック汚染

〔図5⑦〕、農作物や貴金属採掘に絡んだ途上国を中心とした違法強制労働による環境汚染、有毒物質による健康被害、政策による紛争や戦争による多国間の争いなど、地球上の人類の生存を脅かす数多くのさまざまな、そして未解決のリスクの存在が指摘されている。

このような人間の生活にとって脅威や制約となる環境リスクを回避・解消するためには、その一番の原因を探さなければならないだろう。それさえ分かれば、何とか道は開けるかもしれない。

地球温暖化が元凶なのか？

元凶は「地球温暖化」であり、人為的な温室効果ガスの排出を抑制することが、万事解決につながると考える風潮が1990年代後半から台頭してくる。そこで登場したのがジオエンジニアリング（気候工学）という新しい研究分野である。地球温暖化を緩和するために、人工的に地球の気候システムを操作しようというのである。あのマイクロソフト社創設者のビル・ゲイツ氏も、私財約5億円を

図5⑦　海岸に打ち上げられているプラスチックごみ

投じて、研究を支援している。

そこで議論されているのは、例えば地球を冷やすことが先決であるということで、成層圏にエアロゾル（硫酸の微粒子）を散布する方法や、宇宙空間に大きな遮蔽板《しゃへいばん》を設置して太陽放射を管理する方法である。しかし、これには落とし穴がある。前者のエアロゾル方式は、かつて巨大火山噴火が起きたとき、排出された火山灰（細かなガラスの塵）が太陽光を遮断して、一時的に地球の平均気温を下げた事実から生まれたアイデアである。この方法は、当時は高い評価を受けたが、実施するには私たちは2つの覚悟を持たなければならないことに気付くことになる。1つ目は継続的に実施する必要があり、中断した場合、かえって急激な気温上昇を招く懸念があること、2つ目は、光の屈折によって空が真っ赤になることである。私たちは金輪際青い空を見られなくなり、赤い空間で一生を過ごさなくてはならないのだ。

後者の方法では、地球表面に大きな影ができるので、確実に気温低下を引き起こすと考えられるが、暗闇の拡大による生態系への影響が懸念される。このような中で、ＩＰＣＣの第５次報告書の中でも、ジオエンジニアリングにはリスク、副作用が懸念され、十分な科学的理解の水準に達していないと指摘している。国際的なガイドラインの策定こそが先決であるという議論もある。

現状分かってきたのは、地球温暖化の問題を解決すれば、すべてが解決するということはなく、地球温暖化は結果の１つにすぎないということである。石田秀輝氏（地球村研究室代表）

は「地球環境リスクの原因は、膨れ上がった私たち人間活動そのものにあるということだ」と指摘する［図5⑧］。石田氏は、さらにこう述べている。「産業革命以降、地下資源に依存したテクノロジーを展開して、人類は豊かになった。そして、飛躍的に進化を遂げる現代文明をつくりあげた。しかし、有限の資源の上で成立したこの文明には限界があり、2030年に限界点を超えてしまうようだ」

今は、その限界点に向かう途中で、地球環境にひずみが徐々に生じている状態である、ということだ。そして、私たちに必要なのは、この自然収奪型の文明から、自然と人類の生活が両立する新しい自然＝人間循環型の文明への転換だろう。人類史上初めての挑戦をしなければならないことを、誰もが知り、行動していくことしかリスク回避の方法は残されていない。

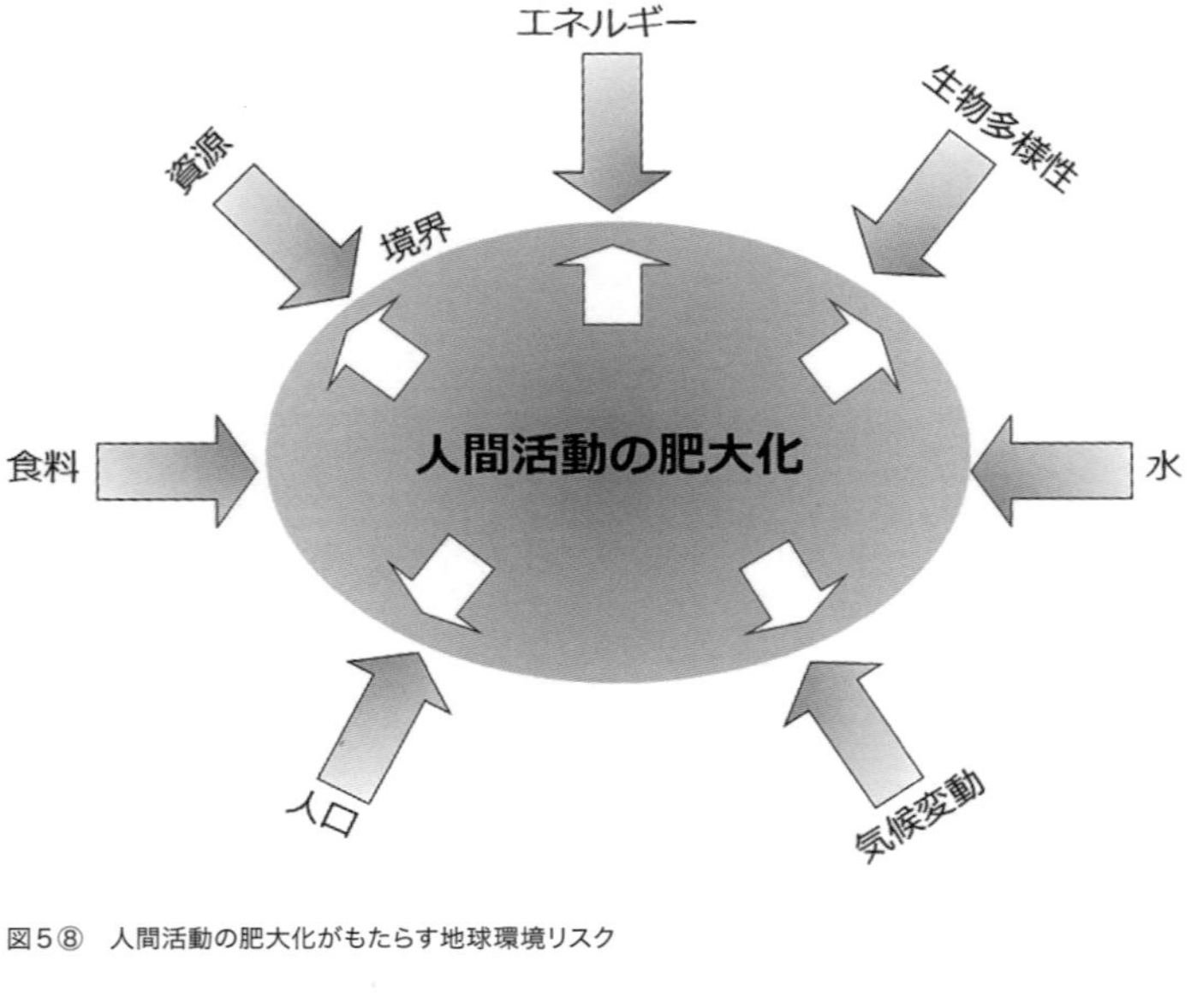

図5⑧　人間活動の肥大化がもたらす地球環境リスク

ミュージアムの使命

こうした地球規模のグローバルな問題を、なぜ地方が、それも地方自治体のミュージアムという場所から発信する必要があるのかと疑問を抱く人もきっといるだろう。それには「地方だからこそ」と答えたい。

私たちは、中央ではない場所に立って、ローカル（地域）が安定して光り輝く時代を導いていかなくては、百年先をつくることはできないと考えているのである。

グローバル化は世界の距離を縮め、経済が潤い、生活は便利になり、人類の時代をより一層繁栄させているかのように見える。しかし、行き過ぎた繁栄がもたらす闇がブーメランのように人類に降りかかり影を落とし始めているのではないか。この現実にまず向き合いたい。そして、目の前に広がる生活の場で、未来の地球のためやるべきことを「自分ごと」として実践するべきであり、それは長く継続的な取り組みでなくてはならない。

7＋1の地球環境リスクのような問題を、地域の問題、ひいては自分の問題として考える必要があるだろう。考えるためのきっかけ—気づき—を提供する場所として、すべての市民（citizen）に開かれたミュージアムという施設が機能できればと考えている。

世界各地で日々起きる事象はテレビ、新聞、インターネットで報道されるが、果たして受け手は、液晶画面や紙面にあふれるニュースをどれだけ自分ごととして捉えているだろうか。情報を全く別の世界の話として、ただ消費しているようにも見える。マスメディアの情報発信と、ミュージアムの流儀は異なっている。ミュージアムは地域の歴史を記録して、未来への地図を展示している場所であるからだ。ローカルとグローバルがつながる場所、過去と現在と未来をつなぐ場所、それがミュージアムといってよい。多くの人々が現在の生活に手いっぱいという中で、過去と未来をしっかりと見続ける場所がどうしても必要なのだと信じている。

だからこそ、このミュージアムでは現在という状態の表現を目指し、日々刻々と変化する状況に対応するために、あえて標本・資料を置かない展示室をつくり、対話という展示手法を展開している。

こうしたコンセプト、展示スタイルにネガティブな印象、先入観を抱く人もいるかもしれない。曰く「もう、おなかいっぱい」「そんなに恐怖感を煽ってどうするの」「解決できないことを見せるのはモヤモヤした気持ちになるだけ」……。

しかし、そう心配しないでほしい。7＋1の地球環境リスクの少々難解な内容を、老若男女問わず、すべての人に身近に感じてもらいながら自ら思考を深められるよう、私たちなりに工夫した展示方法をぜひ試してみていただきたい。

案内人は来館者を笑顔で迎え入れ、常に同じ目線で会話するよう努め、展示を見終わった人を模擬国際会議のような「会議」に導く。そこでは、参加者同士、意見を聞いたり主張したり。問答するうちに、地球環境を守ることと社会・生活を維持発展することの間に生じる「環境ジレンマ」を実感できることだろう。

「地球家族会議」という展示

ある日の会議の一部分を切り取ってみよう。今回のテーマは水である。

案　内　人「日本に暮らす私たちは、1日約400リットルの生活水を使っています」
参加者A「そのくらい知っているよ」
参加者B「へえー」
案　内　人「ですよね。お風呂、トイレ、料理が三大用途になっています。だいたい、100リットルずつの計算になっています」
案　内　人「ところで、牛丼は好きですか？」
参加者A「好き！」
参加者B「まあまあ」
案　内　人「ここで質問です。牛丼並盛1杯つくるために必要な水の量はどのくらい？」
参加者A「牛肉と玉ねぎを調理する量と、ごはんを炊くのに必要な量だから、2リットルくらいかな」

案 内 人「いやいや、料理に必要な分だけではありません。牛肉だと牧場で牛を育てるために必要な分も、玉ねぎだと畑で育てるために必要な分、それに、お米だと、田んぼで稲を育てるのに必要な分、全部合わせて考えてみようか」

参加者A「…」

参加者B「想像つかないなあ」

案 内 人「実は、2000リットル。500ミリリットルのペットボトルが4000本分です」

参加者B「そんなにもか」

案 内 人「もし牛肉がアメリカ産だったら、アメリカの水を、玉ねぎが中国産だったら、中国の水を使っていることになります。日本の水だけではなくて、食を通じて、世界の水問題にも足を突っ込んでしまっているんだ」

案 内 人「じゃあ、ここから未来の話をするよ」

案 内 人「今から20年後の日常です。お風呂に入りたいけど，環境が悪化して1日に使える水の量は50リットルしかない。今と同じにするなら200リットルが必要だ。さあ、みなさん、どうする？」

参加者A「4日に1回にする」
参加者B「湿らせたタオルで体だけを拭く」
案 内 人「別のアイデアはないかな」
参加者A「いやだけど、みんなの分を足して、みんなで入る」
参加者B「そうだ！スーパー温泉にいく」
案 内 人「じゃあ、みんなに聞くけど、それって我慢してない？　我慢は長続きしないよ」
参 加 者「うーん」
と唸る声の後、しばし沈黙。やがて、
案 内 人「実はね、解決する方法があるよ。さあ自然のドアをノックしてみよう」
と次の展示室を指さして移動していく――。
こんな調子である。
さて、解決の方法は、いかに!?

エコロジカルフットプリントという概念がある。人類の生活を維持するために必要な陸地や水域の面積として示される、いわば地球の環境容量である。当然ながら、地球は1個しかない。1個分以上の暮らしは、使い過ぎということになる。最新の計算結果がある。世界の人が今と同じレベルの暮らしを続けるためには、地球1・75個分必要とされる。さらに、世界の人が日本人と同じような暮らし方をするとした場合は、2・8個も必要になる。足りない分は未来の世代から前借りしていると捉えてほしい。この前借りはいつまで続けることができるのだろうか？

実は、地球1個分以上の暮らしをするようになったのは、1970年以降である。100年前、いやわずか50年前は、私たちは地球1個分の生活を送っていたのである［図5⑨］。

今の暮らしを見直して、地球1個分の暮らしにしなくてはいけない。でも、人間は一度経験した快適性や利便性を簡単には手放すことができない。欲の前には、理念や哲学は無力かもしれない。現代を生きる私たちが、明日から50年前の暮らし方、極端に言えば、完全自給自足の生活をするとか、縄文人の暮らし方に戻ることは絶対にできない。

そう、もう昔に戻ることはできないのである。今できることは、昔の暮らし方に戻ることはできなく

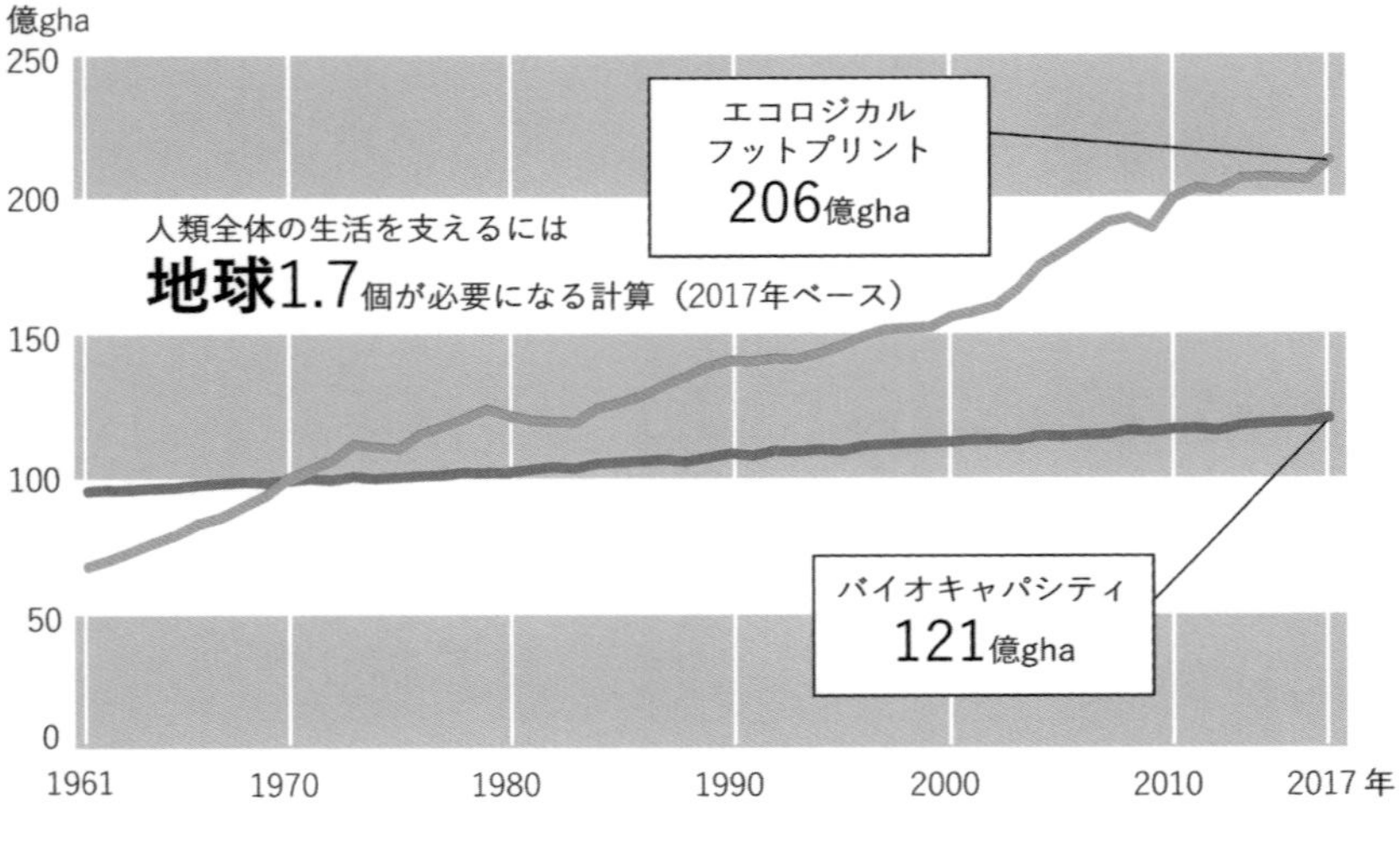

図5⑨　世界のエコロジカルフットプリントの推移

とも、昔を参考に新たな未来をつくることしかないのだ。

そこで登場するのが、ネイチャーテクノロジーである。石田秀輝氏が提唱するネイチャーテクノロジーとは、自然のすごさを賢く活かす、新しいものづくり創出システムである。46億年もの地球の歴史の中で、幾多の危機を繰り返しながら淘汰されていった、完璧な循環を、最も小さなエネルギーで駆動する「自然」を科学技術の目で見直し、従来とは全く新しいものづくりや暮らし方を提案しようというものである。ここでいう「自然」とは、石油などの化石エネルギー（地下資源）を全く必要としない。自然の中には、私たちにとって驚くほど不思議なテクノロジーの種が潜んでいる。

ネイチャーテクノロジーにおいて、自然を模倣するという考え方は重要である。特に、生き物をまねる生物模倣（バイオミメティクス）は分かりやすい。代表的な事例でいうと、水中の魚や昆虫を捕まえるために、高速で水に飛び込むことができるカワセミのくちばしの形から、500系新幹線の先頭車両の形が生まれた［図5⑩］。少しでも空気抵抗をなくして高速で走るために辿り着いた形であった。実《み》の表面に小さな返しがついた鈎《かぎ》のような突起物がたくさんあるオナモミからは、接着剤として御馴染みのマジックテープが商品化されてい

図5⑩　500系新幹線の先頭車両

る。生き物の生存戦略が、新しい技術に応用され、それが地球環境に対する負荷を軽減しているということだ。ミツバチの巣の形、ハニカム構造からは、強度を保ったまま素材を軽量化できる技術が開発され、飛行機や船などの輸送媒体や、住宅などの建材に広く使われている【図5⑪】。段ボールもハニカム構造にヒントを得てつくられたもので、燃費の向上やエネルギーの削減に貢献している。

歴史を振り返ってみると、産業革命は、いわば自然との決別・離別であった。当時のヨーロッパは、小氷期と呼ばれる長い寒冷期に突入しており、穀物の収穫量が著しく低下していた。追い打ちをかけるように、ペストの大流行も相まって、ヨーロッパ社会は崩壊の危機を迎えていた。そのため、生活の基盤となる食料の安定確保のため、労働力を機械化により補ってしのいでいた。自然に寄り添い従属するのではなく、自然と決別し人為的に改変することで、自然を克服して、支配する近代社会をつくり上げていった。この近代社会が発展して、地下資源型テクノロジーによる大量生産大量消費の現代文明をつくった。その過度な肥大化が、現在の環境リスクを生んでしまったと解釈できよう。

ネイチャーテクノロジーは、自然と決別しない、あるいは環境劣化を生み出さない、まさに自然を手本に自然と共存する方法である。実行するに当たり、敵となるのは、利便性や快適性を知ってしまった私たち自身。与しやすいよう

図5⑪　ミツバチの巣

で強情な難敵との闘いになるのだ。しかし、それは回避できるものでもある。

話を地球家族会議に戻そう。

案内人は、会議参加者を最後の展示室10にいざない、水リスクの回避方法を紹介する展示物の前で、再び話し始める。

案内人「さあ、水不足の世の中で、いつもと変わらずお風呂に入る方法をみていきましょう。自然の扉をノックしてみたら、2つの生物に出合いました。おっと何やら泡を出していますね。1つ目の生物は、モリアオガエル［図5⑫］。木の上で産卵する変わったカエルです。でも、木の下には池があります。そこに、ポチョンポチョンと卵からかえったオタマジャクシが飛び込みます。しかし、卵を産み付けてから、オタマジャクシが生まれるまで長い時間がかかります。その間、卵が干からびないようにすること、天敵に食べられないようにすること、オタマジャクシがすぐに池に飛び込むことができること。これをすべて満たすものは、『泡』だったということです。

そして、2つ目の生物は、アワフキムシというセミに近い仲間の

図5⑫　モリアオガエル（右は卵の入った泡巣）

昆虫です。幼虫のときは、植物の茎にしがみついて生活します。そのとき、天敵から身を守るため、自分のおしっこからつくったアンモニウム石鹸で巣をつくります。これによって天敵のアリは、アワフキムシの幼虫に辿り着く前に窒息してしまいます。幼虫は、植物から養分をもらっているので、へっちゃらなんです。自然にいる生物は、生きるために泡を巧みに使っています」

参加者A「すごいね。新しい命を生み出すのに、面白い工夫がされているね」

案 内 人「そうですね。どうも泡にヒントがありそうです。次に出合ったのは小さな泡（ファインバブル）発生装置です。最近のテクノロジーは進歩しています。泡のサイズを小さくしたところ、保温性・保湿性以外に、ミクロンサイズ以下（1／1000ミリメートル以下）の泡が弾けるときに出る超音波が汚れを落としてくれることも発見されました。最近では殺菌性もあるということも分かってきています」

参加者B「そういえば、泡に注目した洗剤や洗顔フォームが売られるようになっているよね」

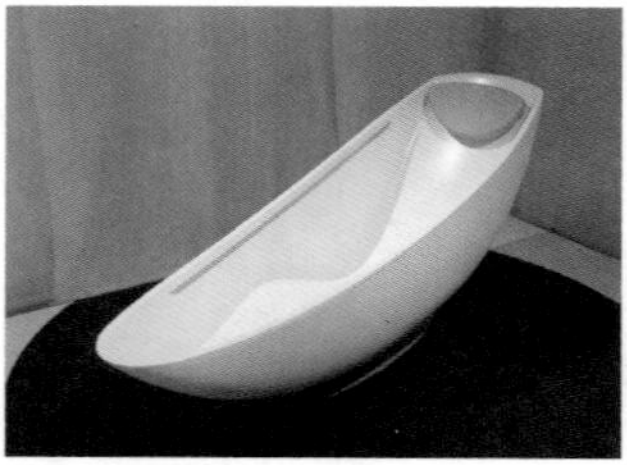

図5⑬　泡のお風呂

案内人「この自然の中の生物の生き方と、新しいテクノロジーが融合してできたのが…こちら、未来のお風呂です［図5⑬］。水が使える量が減ってしまったのなら、水の形を変えてみるという発想です。泡のお風呂です。少ない水で入浴が可能になります。直径0・4ミリメートル以下の微細な泡を発生させることで、200リットルの浴槽を満たすのに、わずか20リットル以下の水しか使いません。お湯を沸かすためのエネルギーも少なくて済みます。

これが普及すると、地球環境に大きな負荷をかけず、安心して毎日入れます。しかも災害で水やエネルギーがたくさん使えないときや、介護入浴のときにも大活躍すると期待されます」

参加者A「すごいアイデアだね。これこそ新しいネイチャーテクノロジーだね」

参加者B「なるほど。腑に落ちた」

案内人「さあ、次はこちらですよ」

と、最後の展示物の前に誘導していく。

自然と対峙して生きていく必要がある人類にとって、自然のサイクルの中から逸脱し決別したことは、これまで確かに快適で利便性の高い豊かさを手に入れることにつながってきた。それは、人口の爆発的増加という事実からも分かるだろう。しかし産業革命以降、工業化が世界各地でも展開されるようになり、ついに臨界点を超えた。環境リスクを私たち自身で生み出してしまったのだ。

豊かさという形を、無理な我慢をしない方法で変えていく知恵と技術が必要になっている。そのためには、これまでの概念、常識、当たり前をいったんリセットして、もう一度人類が自然と「再会」する方法を模索していくしかない。ミュージアムはそう訴えている。

隠された解

ミュージアムの活動テーマ「百年後の静岡が豊かであるために」には、隠された解が存在する。それは、自然に生かされていることを知り、自然を活かすことを楽しみ、自然を往《い》なす、ことである。

「自然に生かされることを知る」ことは、豊かな暮らしにつながる。それを、私たちは現実的にも歴史的にも知っている。

「百姓は稲をつくらず、田をつくる」と宇根豊氏（元・農と自然の研究所代表）はいう。日本人の主食のコメ。当然、田んぼでつくられる。１粒の種モミが半年かけて２０００粒のお米になる。その間、水、土壌、虫、微生物、太陽光、風が多層的に関わることで、稲は育つということだ。百姓は、その自然が輝ける舞台（田んぼ）をつくるだけという考え方は、まさに自然に生かされていることを知る者の哲学である。さらに、田んぼには、カメムシがいて、それを食べるカエルがいて、それを食べる鳥がいて……というように、食物連鎖でつながった生き物の世界もある。

中国の初代国家主席毛沢東は、1958年から61年にかけての大躍進政策の中で、4大害虫の根絶を進めた。対象となったのはハエ、カ、ネズミ、そしてスズメである。ある秋の日、実った稲穂を食い荒らすスズメを人間にとって悪だとして徹底的に駆除した。その結果、田園地帯からスズメはいなくなった。実りの秋、さぞかしコメの収量は増えたと思ったら、かえって害虫が大量発生して、農業生産は大打撃をこうむる。スズメは、イネの生育を阻害する昆虫類を食べてくれていたのだ。この無知による政策の失敗は、毛氏の国家主席辞任につながり、権力基盤を弱めた。

静岡県は海の幸も山の幸も豊富な食材の宝庫として知られる。それを象徴するこんな例がある。日本全国で選ばれている「県の魚」。多くは1種だけの選定だが、静岡県では1種に絞り込めず、静岡県おさかな普及協議会が静岡県旬の魚14選として、サクラエビ、シラス、ウナギ、マグロ、カツオ、イセエビ、フグ、キンメダイなどを選んでいる。季節や場所により、旬の海産物が異なっているからだ。

静岡旬の食材暦
いちご
メキャベツ
キンメダイ
カキ
ミカン
自然薯
カリフラワー
キウイ
ブリ
トラフグ
さつまいも
タチウオ
サバ
タマネギ
柿
ポンカン
12月
11月
1月
10月
冬
2月
9月
秋
春
3月
8月
夏
4月
7月
5月
6月
栗
スルガエレガント
海老芋
レタス
梨
さくらえび
いちじく
落花生
アサリ
ビワ
たけのこ
オクラ
葉しょうが
スルメイカ
甘夏みかん
ブルーベリー
桃
お茶
とうもろこし
枝豆
©PIXTA

図5⑭　旬のカレンダー

食材になる魚介は野生生物でもある。すなわち、自然の産物である。豊かな自然がなければ存在しない。旬の食材だけで静岡1年の「旬」カレンダーがつくられている［図5⑭］。豊かな食材が手に入るということは、豊かな自然に恵まれていることを意味する。それを連綿と守ってきたということは、自然に生かされていると意識しないまま実はちゃんと知っていたともいえるだろう。

何も遠い国の珍しい食材を欲しがらなくとも、ありがたがらなくともよい。足元に広がる何気ない自然は実に豊かで偉大なのだ。私たち人間は生かされている。だからこそ、一見つながらないようでもどの生物も、風景も、大切にしていくことが必要だ。かつての毛沢東の失敗を肝に銘じなくてはならない。

「自然を活かすことを楽しむ」ことも、豊かな暮らしにつながるはずだ。海にすむハコフグは、とてもユニークな形をしている［図5⑮］。その四角い張りぼてのような不格好な形からは想像できないほど、素早く動き、1秒間で体長の6倍もの距離を移動することができる。それを可能にしている理由の1つが丈夫な骨格である。ハコフグの体は六角形の骨板（ウロコ）で囲まれていて、軽量ながらも極めて丈夫な構造を持つ。10年ほど前、外国の有名自動車メーカーが、ハコフグをモデルにした車を製作して、走行試験をしたところ、空気抵抗

図5⑮　ハコフグ

が非常に少ないことが分かった。ハコフグの骨格構造をまねることで強度を損なうことなく、その重量を3分の2まで軽くすることに成功している。これによって20%程度の燃費向上にもつながったという。試作車はモーターショウに出品され、自動車業界に大きな衝撃を与えた。

自然や生活をめぐって社会にも変化が起きている。ここ10年くらい、断捨離やミニマリストなど、ものを多く持たない生活が注目されている。また、狩猟、登山、キャンプ、釣り、DIY［図5⑯］などかつては男性が中心だった趣味や活動を楽しむ女性の人口が増えている。同時に、料理や菓子作りを楽しむ若い男性も目立ち始め、寺院や城跡などのパワースポット巡りや写真を楽しむ若い世代も多くなっている。便利な「もの」をたくさん所有することよりも、不便でもじっくりと「こと」を体験する時間に充実や贅沢を感じる人が増えてきているのだろう。

ひと昔前のゲームやテクノロジーの時代から、ぐるりと一周して、再び自然に親しみ、楽しむことが、おしゃれでかっこよく、かわいいとされるような時代に回帰しているようだ。生活の一部に自然を取り込んだスタイルがトレンドとなり、やがてこれからの主流になると期待されている。

「自然を往《い》なす」ことも、豊かな暮らしにつながってくる。往《い》なすという言葉

図5⑯　DIYを楽しむ女性

はあまりなじみがないかもしれない。大相撲の取組中、アナウンサーが「おっと、イナシタ」という言葉を聞いた人なら、その動作が想像できるだろうか。往なすとは、真正面から受け止めるのではなく、そっと横にずれてかわしたり、やり過ごしたりすることである。

時として、自然は脅威になる。暴風、豪雨、豪雪、洪水、噴火、地震、津波、高潮といった自然現象は、私たちの生活に大きく影響する。私たちは自然災害から逃れることはできない。いくら自然にあらがったとしても、その被害をゼロにすることはできないのだ。先の2回の大震災を経験してきた私たちは、その痛ましい記憶を心に刻んでいる。これまで日本人は知恵を働かせて、自然と向き合ってきた。わざと欄干をなくし低い位置に架橋してある沈下橋、わざと水を逃がす霞堤と呼ばれる不連続な堤防、わざと揺れる心柱がやじろべえのようになって揺れを抑制する五重塔など…。

古来より災害とともに暮らしてきた日本人の知恵や自然観を映し、今の時代にも通用する「負けるが勝ち」ということわざがある。これは、欧米には存在しない概念である。ミュージアムの展示には、富士山世界文化遺産の構成資産の1つ、美しい三保松原から富士山を望む写真［図5⑰］とともに、自然を往《い》なすための心構えとして、以下の文章を記している。

図5⑰　富士山を望む三保松原の風景

第一に生命をつなぐことを考える。自然を理解し尊重する。自然は気まぐれであることを知る。移ろいを愛する。あるがままを楽しむ。負けるが勝ち。覚悟を学ぶ。自分の意識を変える。特別に難しいことはひとつもないが、毎日の生活でこうしたことを意識することが、未来をつくることにつながるのではないだろうか。

究極の問いかけ

案　内　人「こちらをご覧ください。日本人の意識調査の結果です。心の豊かさと物の豊かさ、あなたならどちらを求めますか。その割合を時間の推移として示しています。１９８０年までは、物の豊かさを求める方が多かった、しかし、それ以降心の豊かさを日本人は求めている。物と心の豊かさの差は、ますます広がっています。ものであふれた現在、自然との調和や生活の楽しみなど、心の豊かさを求める人が増えています」

参加者Ａ「確かに、言われてみればそうだね」

参加者Ｂ「…」

案 内 人「さあ、質問です。都会と田舎、どっちが豊かだと思いますか？　田舎は自然に恵まれ、きれいな水や澄んだ空気の下でのんびりと暮らすことができます。また、近隣との交流も盛んで人のぬくもりを肌で感じることができます。地価や物価が安いのも魅力の1つでしょう。

一方、都会には、スーパーマーケットやコンビニ、病院、銀行、文化・娯楽施設など日常生活に必要なさまざまな機能が身近な場所に集積して、便利に暮らすことができます。多くの人や企業が集まる都会には、交通網が整備され、通勤・通学などの利便性も高く、また、常に新しい情報であふれています。どちらも豊かな生活が送れますね」

参加者A「これは難しい質問だね」

参加者B「静岡県のようなどっちもある場所がいいわね」

案 内 人「そうですね、人それぞれですし、自分の置かれている状況によっても違いますからね。さあ、皆さんは、このミュージアムに入り、『本当の豊かさ』を考える旅に出ていました。それぞれの展示室を巡り静岡の豊かな自然や人の営みや歴史、生まれた文化に触れてきました。そして、先ほど私と出会い、静岡とつながる世界の現実と、その影響を知り、その解決の1つのタネを見てきました。

最後に、私たちミュージアムからみなさんに問いかけたいことがあります。考えてみてください。そして、ぜひ、問いかけに対するみなさんの気持ちを文字でも絵でもいいので、書き記して、そして、ミュージアムに残していってください。ミュージアムは、地域の歴史を記録する場所ですので、みなさんのその心もずっと展示しながら残していきます。さあ、みなさん、百年後の豊かな静岡のために、どうしますか」

こうして、1回の地球家族会議は参加者一人一人に、問いを預けて終了する。

問いかけ1　あなたにとって「豊かな暮らし」とは何ですか？
問いかけ2　あなたが考える自然と共に生きる暮らしのアイデアは？
問いかけ3　百年後の静岡が豊かであるために、あなたは何ができますか？
問いかけ4　あなたが百年後の静岡に残したいものは何ですか？

これが、展示室9と10で毎日展開されている対話展示である。そして最後の展示コーナーに、来館者にとっての本当の豊かさが掲げられている［図5⑱］。開館して4年が経過し、来館者が書き残したカードは2万枚を超えた。２０１６年の開館から4年間の分析結果には、うれしい傾向があった。豊かな暮らしには、自然、共存、笑顔、バランス、家族、生き物、健康という言葉が多く含まれていて、全体の約半数は自然との関わりを大切したいという回答となった。

そして、豊かな世の中にするためには—という問いに対して、節約など我慢すると回答した方は、初年度4人に1人であった。しかし、ミュージアムの活動が浸透するにつれて、その数字は減少し3年目には6人に1人になった。その代わり、人同士がつながることを大切にしようという回答が年々増加して4年目には5人に1人となった。私たちが残したいものは、富士山（何と9人に1人）を含む「自然」が最も多く66％、次に「心」「人」が18％、3番目は「知（文化・技）」の6％であった。

答えがないことが答えとなる

豊かさというのは、一人一人求めるものが違い、1つの答えに集約されるものではない。しかし、サステナブ

図5⑱　来館者の気持ちが込められたカード

ル（持続可能）な社会を形成維持するためには、私たちの暮らし方に変革をもたらすことによってしか実現する方法はない。仮に、その方法に「我慢」という言葉が出た瞬間に、私たちの生活はきっと長続きしにくくなってしまう。2020年には、それまで予測できなかった新型コロナウイルスの感染流行が世界的に大きな問題となり、日本でも「我慢」を強いられる生活が続いた。コロナウイルスの終息は未だ見えないし、これからも新しい感染症の流行は起きると考えられる。そうしたことに対応するにも、新たな楽しい暮らしの構築は必要だろう。ミュージアムは「我慢」を極力減らし、自然と調和する楽しい暮らしの実現を最終目標としている。それこそが、自然との再会を果たした私たちの豊かな暮らし、サステナブルアースの状態であるからである。

ふじのくに地球環境史ミュージアムは、360万人の県民に支えられている小さな県立自然科学系博物館である。地の利が悪く、廃校利用で、予算も人員も潤沢ではない。しかも、陳列する標本にも目新しさや目玉はない。しかし、この施設が伝えたいことは、ヒトとして、この地球上で生きていくとはどういうことか、ということであり、百年先の豊かさを考えて生きてゆくことの大切さである。多くの人々が地球環境、そして私たち自身の未来のために、ヒントを得ようと毎日対話を続けている。

おわりに ～百年先の静岡が豊かであるために

静岡県を地理学的に見た場合、日本の縮図と断言できる。静岡県は、富士山から駿河湾まで標高差6000メートル以上の大地を有し、それゆえに、温帯から亜寒帯までの複数の気候帯を持つ。また、本文中にも触れたように本州は、東日本島と西日本島に2分されていた島が1つになってできた特異的な地史を有する。さらに、プレート運動によって衝突した伊豆半島もある。この地圏・気圏環境が、比類なき固有性と種多様性を育む生物多様性のホットスポットになっている。繰り返すが、静岡県を見ることは、日本列島の縮図を見ているようなものなのだ。だから、自然科学を専攻する私たちには、静岡県は極めて魅力的な場所である。

そんな静岡県に、これまで自然を調査して県民が学べる博物館がなかったということに、驚かれる方は今でも多い。実に全国で46番目に設立された後発の県立博物館である（ちなみに、残りは愛知県である）。

静岡県に博物館をつくることとなった2014年夏。早速展示チームが結成され、豊かな自然環境が残る静岡県をどう表現していくか、世界でまだ誰も表現できていない「地球環境史」というものをどう組み込んでいけばよいのか。はたまた、メッセージを伝えるターゲットをどの層に設定するのかについて議論が始まった。

そこで障壁となったのが低予算。当初の計画は博物館ではなく、小さな学習資料センターをつくる予定だった。しかし知事の命により、看板だけは博物館とすることになった経緯がある。つまり予算は据え置き、展示は博物館の内容で―ということになった。数百万円する展示ケースなど1つも購入できない。事実、展示標本購入費はまさかのゼロ円であった。さらに大きな壁は、開館が２０１５年度中と決まっていたことだった。どんなに遅らせても２０１６年3月末がぎりぎり。チーム結成から開館まで2年足らずであった。

制約を課された中、限られた手持ちの駒は、ＮＰＯ法人静岡県自然史博物館ネットワーク会員が収集保管してきた貴重なコレクションと、使われなくなった学校の什器だけ。展示予算とてスズメの涙ほどしかない。タイムリミットは2年を切っている。まさに絶体絶命の状況に「不安は募るばかり」。チームの面々は口にこそ出さなかったが、のしかかる重圧にその心理状況は恐らく最悪だった。

展示制作というのは、私たちミュージアムスタッフだけでなく、展示制作会社を加えた共同作業になる。そこに集ったのはまだ経験の浅い若手ばかり。ただ若いチームになったことで、よい意味で居直れたといえるかもしれない。物理的な制約を逆手にとって、本当の豊かさを見つける旅を展示空間として貪欲に追求することができたのだ。こうして出来上がったのが本書に紹介した常設展示である。

ミュージアムは、国内外で13のデザイン関係の賞を受けた。いずれも過分な評価をいただき大変光栄に感じている。でも、チームが一番にうれしかったのは、ミュージアムの展示作品が展示制作会社の社長賞に輝いたと聞いたときであった。過去の受賞実績と比べて予算規模は著しく小さい上に（金額で2桁くらい違うそうだ）、派手でもなくスマートとも言い難い仕事であっても、見る人はきちんと見ていてくれたのだ。知恵と工夫と汗を惜しまなければ、それは新しい扉をこじ開ける力となることを改めて実感した。

チームとして苦楽を共にした株式会社丹青社の篠原宏一プランナー、石河孝浩デザイナー、氏《うじ》デザイン株式会社の大場智博デザイナー（現・ひとつめデザイン）をはじめとする制作チームの面々に、心から感謝するとともに、彼らが今後大きく飛躍することを期待している。

今、ミュージアムには少しずつ「知」が集積している。無償で惜しみない知恵と工夫を、汗をかきながら授けてくれる面々がいる。NPO法人静岡県自然史博物館ネットワーク会員、ミュージアムサポーターとなった方々に心から感謝申し上げる。

全国にある県立博物館ごとの学芸研究員の数には大きな開きがある。各都道府県が文化行政に力を入れている度合いが反映されるともいわれる。そして静岡県は6人である。隣の神奈川県の生命の星・地球博物館は約3倍の20人ほど、千葉県に至っては約10倍の60人ほどが在籍。数は見劣りするとはいえ、私たちも県立博物館を支える学芸研究員である。少人数を言い訳になどできない。質を維持、県民の期待に応えるにはどうしたらいいのか、常に自問している。

学芸課のメンバーに静岡出身者はおらず、また専門分野も限られている。ただ幸いなことに、掲げたテーマ「百年後の静岡が豊かであるために」に共感してくれる多くの地域の人々が参集してくれた。経歴も人生経験も全く異なり、ミュージアムができたことで初めてつながった人たちだ。彼らは、完成したミュージアムをステージにして演舞し始めている。植物好きは野外観察会を開き、化石好きは化石の部屋で魅力を語り、子ども好きはキッズルームで門番役、手先が器用な人は様々なクラフトづくり、お掃除好きは館内美化、おしゃべり好きはとことん来館者と楽しい会話——。ハードが整った後、このソフト面の充実をそれぞれが担い、より一層ミュージアムを輝かせてくれている。

そして、ミュージアム来館者に、常設展示以外でも、さまざまな形で大切な知識を植え付けてもくれた。知識は、誰にも奪われることのない財産であり、人生に深みと彩りを与えてくれる。未来を見通す羅針盤にもなる。五感をフルに使って吸収した知識に勝るものはない。私たちはとりわけ、その確たる信念をミュージアムに触れる人々に伝えたかった。それが実現しようとしているのだ。

ふじのくに地球環境史ミュージアムは、公的社会教育施設であり、県民の血税を使って地域の文化力向上に努めている。幅広く活動を理解してもらうため、広報活動の一環として発行している年報にも新時代のミュージアムの挑戦と工夫の一端が現れている。ともすれば手に取りにくい年報に少しでも関心を持ってもらおうと、在籍職員のエッセイを載せることにしたのだ。今は離任する職員の卒業論文のような形で続いている。エッセイには活動実績報告にはつづられない、職員の創意工夫と汗が記録されるのである。

静岡県直営施設であるミュージアムは、一般行政職（いわゆる事務屋）と研究職（いわゆる学芸員、当館では研究員と呼称する）の県職員のほか、県教育委員会から知事部局に出向した教員（いわゆる学校の先生）で構成される。異業種3種が混在するメンバー編成は博物館施設では当たり前とはいえ、職種による価値観の違いからたびたび衝突する場面もあった。しかし、共に百年先を描くというビジョンを見据え、やがて軋轢を超えて固い絆が生まれてきた。私たち組織の軌跡もまた奇跡であった。職員一人一人の心も、このミュージアムはしっかりと記録し続けている。年報はミュージアム公式ホームページでも公表しているので興味があれば、ご一読願いたい。

静岡新聞社出版部の田邊詩野さんには、企画段階から出版に至るまでの長い間、約束や締め切りを守らない私たちを、百戦錬磨の編集魂で粘り強く叱咤激励いただいた。彼女の頑張りがなければ、この本が世に出ることはなかっただろう。「ミュージアムの人たちと仕事がしたかった」との想いに、どれだけ応えられたのかは分からないが、私たちにとって執筆陣の一員といえるような存在だった。心より感謝申し上げる。そして、田邊さんとの巡りあいにも感謝したい。また、同社の牧田晴一さんには、草稿を丁寧に読んでいただき、文体の統一などのご協力をいただいたことで、本書が読みやすいものとなった。坂本陽一さんには装丁を手掛けていただき、手に取ることが楽しい本に仕上げていただいた。

かつて高校校舎だったミュージアムの敷地には、何本ものソメイヨシノが植えられてある。毎春、多くの生徒の門出と新しい出会いを見届けてきた桜は今、誕生したミュージアムの成長する姿を日々見守ってくれている。ミュージアムの桜となって5回目の春も満開の花が見事であった。夏にはニイニイゼミ、アブラゼミ、クマゼミ、ミンミンゼミ、ヒグラシ、ツクツクボウシが、そして秋にはスズムシやマツムシなどの鳴く虫が、毎年声を聴かせてくれる。

それらは私たちの挑戦への自然からの美しいエールのように思える。

2020年9月　秋の気配が日増しに濃くなるふじのくに地球環境史ミュージアムにて

巻末コラム

ふじのくに 地球環境史ミュージアムを もっと楽しむために

〜豊かさを問いかける展示に向き合う

「ふじのくに地球環境史ミュージアム」は、環境史をテーマにした日本で初めての自然科学系の博物館です。展示手法は、「私たちの生活」と「地球環境」という2つの大切なテーマを関連付けて来館者に理解してもらおうとの考えに基づいています。

私たちは普段の生活の中で地球環境に思いを馳せることがなかなかありません。「どのようにしたら地球環境を、〝自分ごと〟として来館者に捉えてもらえるか」。開館に当たり、研究員を始めとするスタッフと空間デザイナーは、この課題についてさまざまな角度から検討し、工夫を重ねました。

展示室の紹介

「ふじのくに地球環境史ミュージアム」の展示室は、1983年に開校し、2014年に閉校した旧県立静岡南高校の校舎を改装してつくられています。展示室それぞれには個別のコンセプトがあり、何度訪れても新しい発見が得られます。

展示室1

地球環境史との出会い

「展示室1」は、「地球環境史とは何か？」を考えるためのスタート地点です。学習机の上に置かれた架空の書籍のタイトルは、「豊かさとは何か？〜未来を考えるために、今と昔の真実を知る」。文明と環境を歴史的な視点から見つめ直すための象徴として、自然と共生し、1万年続いた日本の縄文時代と、人口増加による森林破壊で、わずか数百年で滅んでしまったイースター島を対照的に紹介しています。環境考古学は微細な「痕跡」から過去の環境変化を研究する学問であり、この変化を読み取る研究資料として、湖底の地層である年縞の断面や樹木の年輪、サンゴの成長輪などを紹介しています。

展示室2

ふじのくにのすがた

「展示室2」は、白と黒の2色で分割された空間を使って、自然の「恵み」と「脅威」が一体不可分であることを説明しています。自然は、山の幸、海の幸、あるいは温泉や湧き水といった「恵み」だけでなく、災害＝「脅威」ももたらします。展示室では、自然災害の凄まじさを、発掘した地層の断面や写真で提示しています。荒々しく噴火している宝永噴火時の富士山の絵が「脅威」の側に、葛飾北斎が描いた風光明媚な夏の〝赤富士〟の絵「凱風快晴」が「恵み」の側に、背中合わせに展示され、恵みと脅威が表裏一体であることを示しています。

展示室3

ふじのくにの海

壁の下部3分の1が水色に塗られた「展示室3」のイメージは、〝海〟。日本一深い湾である駿河湾の深海や総延長506キロメートルの県内海岸線沿いに生息する海生生物を紹介しています。部屋に入って驚くのは、学校の備品だった3脚の机を縦に積み重ねて透明のアクリル板で囲った展示ケースです。身近な海の生き物から、知られざる深海の世界まで、それぞれユニークなキャッチコピーが添えられた展示は、神秘的な生態の水生生物への関心を掻き立てます。

展示室4

ふじのくにの大地

生命の連鎖である食物網には「生食連鎖」と「腐食連鎖」があります。「展示室4」では、この2種類の連鎖による、アナグマ、オオタカ、ゲンゴロウといった里山で暮らす生き物たちの「生命のつながり」を、剥製などの標本と矢印で表現しています。里山の環境がいかにたくさんの生命によって成り立っているか、一目瞭然。壁沿いには静岡のさまざまな生態系に暮らす生物が並んでいます。掲示パネルでは、里山の変遷と、生物多様性によって人類が受けている恩恵を4種類の「生態系サービス」（供給、調整、文化、基盤）として紹介しています。

展示室5

ふじのくにの環境史

自然の恵みに頼って暮らしていた縄文時代、稲作が普及した弥生時代、木材の需要が急増した江戸時代、地下資源に依存している現代…。人間活動と自然のバランス変化を、時代ごとにシーソーで表現しています。現代に近づくに従って、人間活動による負荷が高まり、自然環境が変化していく過程が視覚的に分かります。

展示室6
ふじのくにの成り立ち

「展示室6」では、静岡県が3つのプレートの境界の上にあること、フォッサマグナの西端である糸魚川—静岡構造線を境に、東西で地質がまったく異なることを説明しています。静岡県をかたどった机の上には、富士山から噴出した溶岩や、JR清水駅前から出土したサンゴの化石を配置。標高３０００メートル級の山々から、水深２４００メートルを超える深海まで、起伏に富んだ静岡の地形を特殊な技法で表現した「赤色立体地図」も展示されています。

展示室7
ふじのくにの生物多様性

変化に富んだ自然環境を持つ静岡県には、約４０００種の維管束植物（シダ植物と種子植物）、約50種の哺乳類、約４００種の鳥類を始め、多種多様な動物が棲み、海には１１００種以上の魚類が生息しています。「展示室7」には、同館の貴重なコレクションの中から、代表的な種の剥製や標本を展示。ここでは一切の解説が排され、あるのは標本と種名ラベルのみ。静岡の県土にくらす多様な生物の存在を感じとることができます。

展示室8
生命のかたち

地球史の中での環境の変遷を生き抜いてきた脊椎動物の骨格標本を、まるで授業を受ける生徒のように、学習机と椅子の上に展示しています。黒板の席次に従って窓際の席から確認していくと、骨格の特徴と進化のストーリーが順を追って分かる仕組みです。さらに一体ずつ詳しく観察すると、好奇心を掻き立てる「気付き」が次々に頭に浮かびます。

展示室9
ふじのくにと地球

「展示室9」は、展示室1〜8と異なり、環境について議論する「地球家族会議」の会場となるスペースです。来館者が自由に議論に参加できるように、部屋には円形のテーブルが置かれています。現代の人間社会は、地球環境に大きな負荷を与えています。インタープリター（展示交流員）とともに地球環境リスクを知り、自然との共生について考えましょう。展示室の壁には、地球環境を取り巻く「7＋1」の課題や600万年の人類史、6600万年の哺乳類史、6億年の生命史、46億年の地球史が掲示され、地球環境史について理解がより深まるよう工夫しています。

展示室10
ふじのくにと未来

「展示室10」には、自然界から学ぶネイチャーテクノロジーのヒントが詰まっています。モリアオガエルやアワフキムシの水を泡状にする生態が節水に活かせること、ミツバチの巣に現れる六角形の穴の集合（ハニカム構造）を応用することによって、強度を保ったまま金属の使用量を節約できることなど、環境への負荷を軽減するためのお手本が自然界にたくさん存在しているのです。ＳＤＧｓ（持続可能な開発目標）をテーマにした書籍や資料も多数紹介。最後には、来館者が百年後の静岡について、考えた思いを書き残すコーナーがあります。ボードに掲示された、さまざまなメッセージを読むことで、さらに深い思索につながるかもしれません。

＊ＳＤＧｓ…Sustainable Development Goals　２０１５年の国連サミットで採択された「持続可能な開発のための２０３０アジェンダ」に記載されている２０１６年から２０３０年までの国際目標。17のゴールと１６９のターゲットが設定された。

来館者への問いかけ

展示デザインへのこだわり

ミュージアムを特徴付ける要素の1つが、コンセプトを視覚化した空間デザインです。内装は単なる校舎の改装というレベルにとどまらない創造的リノベーションが施されています。開館した2016年には、空間環境系のデザイン賞として国内で最も権威のある「DSA日本空間デザイン賞」の大賞に輝き、2018年には国際的にも評価の高いドイツデザイン賞のコミュニケーションデザイン部門ウィナーにもなるなど、国内5件、海外8件のデザイン賞を受けています。

リノベーションに当たっては、旧校舎の特徴や備品を効果的に使用し、〝学び舎の記憶〟を喚起しています。これは、環境を考える上で欠かせない、リユース、リサイクルの考え方にも通底するコンセプトです。

例えば、展示室3「ふじのくにの海」で、3脚の学習机を縦に重ねて設置しているほか、展示室4では透明な大テーブルの下に、木製の角椅子を装飾的に配しています。静岡南高校時代の備品の再活用には、懐かしさを感じさせるだけでなく、来館者が驚くようなユニークなアイデアが盛り込まれています。

DSA日本空間デザイン賞授賞式にて

ロゴマークの意匠

100という数字をかたどったミュージアムのロゴマークは、メインコンセプトである「百年」に加え、Mが「逆さ富士」のように鏡写しになった意匠です。Mは「museum」の「M」であり、陸の高さと海の深さ＝メートルも表現しています。さらに我々に恵みと災害両方をもたらす自然の正と負、陰と陽のエネルギー、環境を語る上で欠かせない、リユース、リサイクルの精神が、無限大（∞）のマークに込められています。

ふじのくに
地球環境史
ミュージアム
Museum of Natural and
Environmental History, Shizuoka

数字デザイン

観賞順路に沿って各展示室に割り振られている番号のデザインは、実は各展示室に設定されたテーマに沿ったデザインになっています。入室前に番号のデザインとコンセプトを確認してみると、一連の展示物に対する理解がより深まるはずです。

展示室1＝対峙
展示室2＝対比
展示室3＝潜考
展示室4＝連鎖
展示室5＝均衡
展示室6＝集成
展示室7＝多層
展示室8＝連繋
展示室9＝対話
展示室10＝共創

単調さを回避した導線と展示内容の工夫

展示室と展示室の間の廊下には地球の誕生から現在までを1年間に見立てた地球カレンダー「地球史の旅」のほか、その時々の研究員イチオシの研究情報を紹介する「ホットトピックギャラリー」の展示品と、長さ2・8メートルの巨大で迫力あるオンデンザメの液浸標本やナウマンゾウの頭骨のレプリカが並んでいます。機能的に設計されている学校の校舎は、構造上、無味乾燥な導線になりがちです。しかし、展示の大小やテーマ色にメリハリをつけて導線を工夫することで、展示構成の単調さを回避し、来館者を飽きさせない仕組みになっています。

建物の記憶

ミュージアムは、3階建ての旧静岡南高校の校舎を活用しています。外部は外壁修繕にとどめて、かつての学び舎としての雰囲気を残す一方、内装は大規模に変えまし

ホットトピックギャラリー

来館者導線をかねた「地球環境史の旅」

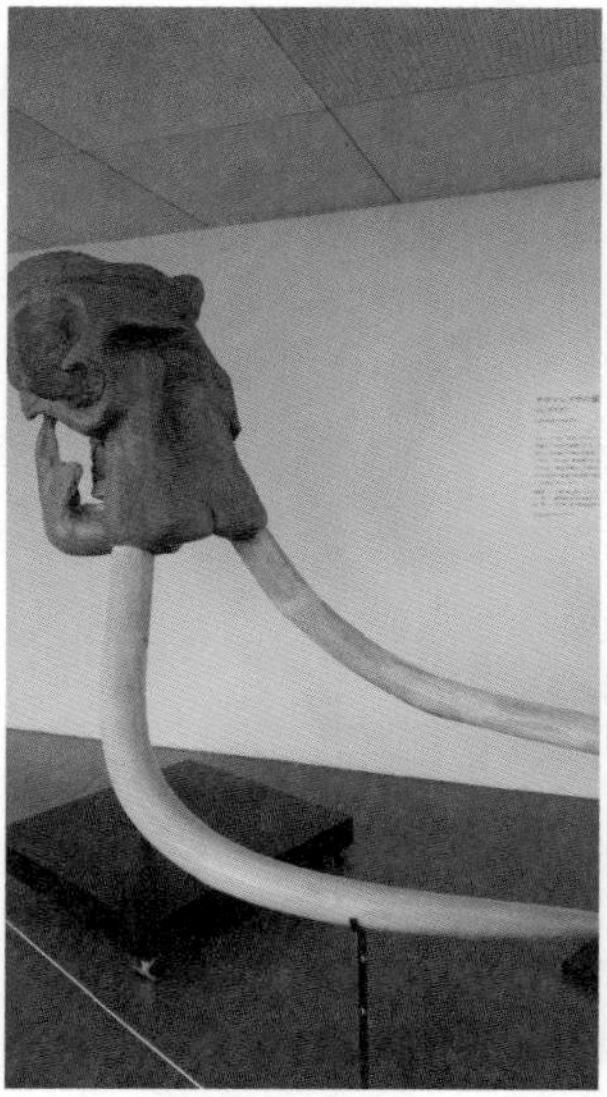

ナウマンゾウの頭骨レプリカ

た。1階と2階の旧教室は展示室や研究室に、面積の広い理科室やパソコン実習室等の旧特別教室は収蔵庫に、トイレは解剖室に充てられています。職員室は図鑑カフェになり、生徒用昇降口は展示室10に生まれ変わりました。教室単位で細分化される展示スペースも部屋ごとに細かくテーマ設定することで、来館者に気持ちの切り替えを促しています。

旧静岡南高校 校舎

家庭科室は液浸標本の収蔵室に

職員室は図鑑カフェに

活動の紹介

地球家族会議

「地球家族会議」は、「展示室９」で毎日複数回、十数人のミュージアムインタープリター（展示交流員）と６人の研究者によって開催されています。来館者は円形に並んだテーブルを囲み、インタープリターや研究員のレクチャーを受けながら、地球環境をめぐる課題について考察します。そして、ディスカッションを通じ、展示室１〜８で学んだ知識を深めることができます。展示室の壁には、ミュージアムが設定した「７＋１」（気候変動、エネルギー、生物多様性、資源・金属資源、水、食料、人口、自然災害）の課題が、危機を示す数字とともに示されています。

開館当初から毎日開催されてきた「地球家族会議」の合計開催回数は２０２０年９月末現在、なんと６３００回に上ります。

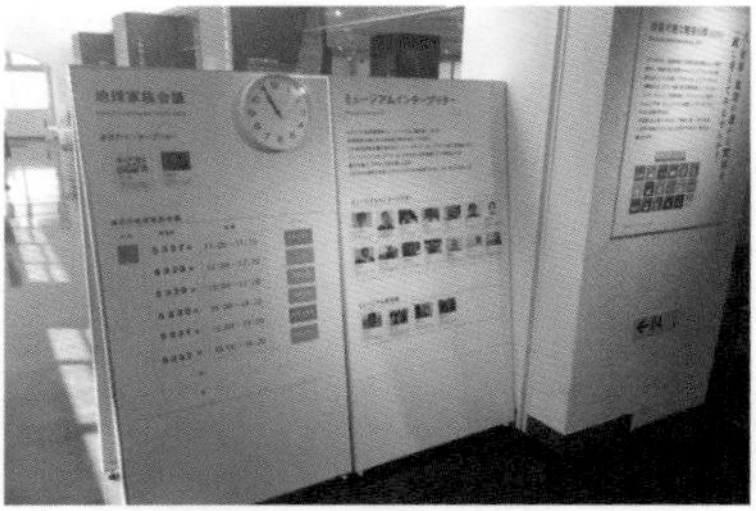
地球家族会議のスケジュール

地球環境リスクの解説

ミドルヤード

ミドルヤードは、来館者が直接研究員たちと交流できる貴重な場で、現在３つの部屋に分かれています。

「Geo Class（ジオ・クラス）」は主に化石の発掘調査について体験学習できます。部屋には、直径１メートルを超えるアンモナイトと０・５センチメートルしかないアンモナイトの化石が並んでいます。発掘調査で必要となる道具が展示しているほか、発掘体験用のスペースも。

「ふじのくに昆虫ラボラトリー」は、標本作成の様子が見学できるほか、時季に応じた昆虫の標本も展示されています。「Atelier Botanique（アトリエ・ボタニク）」では、マツボックリやドングリなど木の実や種子の標本が展示され、ひっつきむしとして知られるオオオナモミの実を使ったゲームで遊ぶこともできます。

ミドルヤード「Geo Class」

いずれの部屋にもNPO法人静岡県自然史博物館ネットワークの会員や研究員が在室していることが多く、自然科学に関する入館者の疑問にも親切に答えてくれます。

ミドルヤードの機能

1　公開型収蔵庫（オープンラボ機能）
2　コレクションを用いた実践学習の場（ワークショップ機能）
3　学芸活動の公開の場（キュレーティング公開機能）
4　学術文化の相談窓口（レファレンス機能）
5　資料を活用した学習の場（ライブラリ機能）

ミュージアムキャラバン

化石、昆虫、魚、植物の4テーマの「移動ユニット」を県内各地で展示し、地球環境への関心を高めてもらうことがミュージアムキャラバンの目的です。とりわけ、静岡市駿河区にあるミュージアムから距離が離れた地域では、展示物を自らの目で確かめる一助となっています。研究員が移動ユニットと一緒に出向いて出張授業を行い、最新の研究内容を紹介することもありま

ミュージアムキャラバン「化石の世界」

す。2019年は県内43カ所でミュージアムキャラバンが実施され、35万3972人が観覧、2015年からの累計では300万人以上が観覧しています。

「昆虫の世界」を解説する研究員

図鑑カフェ

動植物の図鑑や写真集を中心に約300冊の書籍が本棚に並ぶ図鑑カフェ。広々とした窓からは旧校庭に育つ木々と駿河湾が望めます。併設しているショップでは、遊びながら知識を得られるサイエンスグッズも購入できます。

キッズルーム

0歳児から小学校低学年までの子どもが対象のキッズルーム。東京おもちゃ美術館と連携したルーム内の「木のひろば」は、木製のパズルや楽器、遊具が並び、子どもたちが木の温もりに触れ、安全に遊ぶことができます。子育て中の親御さんたちの憩いと交流の場にもなっています。

NPO法人静岡県自然史博物館ネットワーク

静岡県内に自然科学博物館を創設する案は、1990年前後から、関係者の間で検討されてきました。その中心となったのは、長年県内で活動を続けてきた県内の研究者たちでした。きっかけは1994年、静岡新聞の投書欄に載った「静岡県に県立自然史博物館が必要である」という伊藤二郎静岡大学名誉教授の投稿でした。その意見に賛同した静岡植物研究会や日本野鳥の会静岡支部、静岡県地学会、静岡昆虫同好会など、県内の自然研究グループが集まり、1995年に合同で、「静岡県立自然系博物館推進協議会」を発足させました。初代会長には伊藤氏が就任し、静岡県に対して、県下初となる自然博物館の設立を粘り強く訴えてきました。活動を発展させ

NPO 法人静岡自然史博物館ネットワークメンバー

膨大な標本資料が整理保存される

自然博メンバーにより2019年に発見された
ナウマンゾウ化石

ていく過程で、2003年には静岡大学理学部の池谷仙之教授を理事長に迎え、NPO法人「静岡県自然史博物館ネットワーク」を設立。標本の収蔵と整理登録を行う「自然学習資料保存事業」を受託する形で、県との関係もより密接になり、博物館の開設も現実味を帯びてきました。

発足時からのメンバーの一人である日本平動物園元副園長の三宅隆氏（同ネットワーク副理事長）は「発足当初から10年近く、我々の思いはなかなか県に届きませんでした。しかし、粘り強く活動を続け、2000年代後半から徐々に県側の姿勢が前向きになっていくのが感じられました。ミュージアム開館後も、継続して調査研究、収集保管、教育普及、展示情報発信を基本方針とし、魅力的な自然史博物館を支える活動を行ってきました」と振り返ります。

会員が収集して作成した膨大な標本は、収蔵庫に大切に保管され、一部は展示室や移動ミュージアムで公開されています。長年の地道な研究成果と膨大なコレクションは、ミュージアムの存在に深い奥行きをもたらしています。

ふじミューフレンズ

ふじのくに地球環境史ミュージアムで1年間活用できる
〈ふじミューフレンズカード〉を手に入れると以下の特典が得られます。

特典1　常設展観覧券が3枚付きます。
常設展、有料企画展の観覧料が何度でも割引になります。

特典2　一部イベントの先行・優先申し込みができます。

特典3　メールマガジンで最新情報・各種ご案内をお届けします。

お申込みはミュージアムのチケット売り場まで。年会費800円です。

執筆者一覧（分担章）

渋川浩一（ふじのくに地球環境史ミュージアム　教授）専門＝魚類分類学
二章P43〜52
岸本年郎（ふじのくに地球環境史ミュージアム　教授）専門＝昆虫分類学
一章（山田と共同執筆）、二章P52〜66（早川と共同執筆）、四章P106〜117（早川と共同執筆）、おわりに（山田と共同執筆）
菅原大助（東北大学災害科学国際研究所　准教授／2020年2月までふじのくに地球環境史ミュージアム　教授）専門＝地質学
四章P90〜106
山田和芳（早稲田大学人間科学学術院　教授／2020年3月までふじのくに地球環境史ミュージアム　教授）専門＝自然地理学
はじめに、一章（岸本と共同執筆）、二章P36〜43、三章P78〜85、五章、おわりに（岸本と共同執筆）
高山浩司（京都大学大学院理学研究科　准教授／2017年12月までふじのくに地球環境史ミュージアム　准教授）専門＝植物学
五章の一部
早川宗志（ふじのくに地球環境史ミュージアム　准教授）専門＝植物分類学
二章P52〜66（岸本と共同執筆）、四章P106〜117（岸本と共同執筆）
西岡佑一郎（ふじのくに地球環境史ミュージアム　主任研究員）専門＝古脊椎動物学
四章P117〜126
日下宗一郎（東海大学海洋学部　講師／2019年3月までふじのくに地球環境史ミュージアム　准教授）専門＝自然人類学
三章P68〜77
小林稔和（株式会社DARA DA MONDE　編集代表）巻末コラム

●遠藤秀紀 (2002)『哺乳類の進化』東京大学出版会、383ページ
●大井川地域地下水利用対策協議会 (2017)『平成29年度大井川地域地下水利用対策協議会　定期総会』、96ページ
●大井川町史編纂委員会編 (1984)『大井川町史』大井川町、818ページ
●国土地理院 (2002) 水準測量から求めた全国の上下変動. 地震予知連絡会会報67：555, fig 1.
●静岡県くらし・環境部環境局自然保護課 (2017) 静岡県版レッドリスト.
http://www.pref.shizuoka.jp/kankyou/ka-070/wild/red_replace.html
●静岡県くらし・環境部環境局自然保護課 (2020) 静岡県野生生物目録2020年版.
http://www.pref.shizuoka.jp/kankyou/ka-070/wild/mokuroku.html
●静岡県くらし・環境部環境局自然保護課 (2020)『しずおか絶滅危惧種図鑑―静岡県レッドデータブック普及版―』羽衣出版、222ページ
●志水茂明 (1967) 大井川扇状地における地下水流の動向について. 愛知工業大学研究報告3：189-206.
●土隆一・高橋豊 (1972) 東海地方の沖積海岸平野とその形成過程. 地質学論集7：27-37.
●藤原治・三箇智二・大森博雄 (2001)『日本列島における侵食速度の分布』、核燃料サイクル開発機構東濃地科学センター、23ページ
●松井正文編 (2006)『バイオディバーシティ・シリーズ7　脊椎動物の多様性と系統』裳華房、403ページ
●南アルプス世界自然遺産登録推進協議会・南アルプス総合学術検討委員会 (2010)『南アルプス学術総論』静岡市　130ページ
●山崎晴雄・久保純子 (2017)『日本列島100万年史』講談社、270ページ

第五章
●石田秀輝 (2015)『光り輝く未来が、沖永良部島にあった！』ワニブックス、255ページ
●石田秀輝・古川柳蔵 (2014)『地下資源文明から生命文明へ』東北大学出版会、158ページ
●石田秀輝・古川柳蔵 (2018)『バックキャスト思考』ワニブックス、205ページ
●石田秀輝 (2009)『自然に学ぶ粋なテクノロジー なぜカタツムリの殻は汚れないのか』化学同人、232ページ
●宇根 豊 (2019)『日本人にとって自然とはなにか』筑摩書房、223ページ
●宇根 豊 (2010)『農は過去と未来をつなぐ――田んぼから考えたこと』岩波書店、232ページ
●沖 大幹 (2016)『水の未来』岩波書店、240ページ
●沖 大幹・姜 益俊 (2017)『知っておきたい水問題』九州大学出版会、216ページ
●気象庁 (2015)『気象データ』https://www.data.jma.go.jp/obd/stats/etrn/
●経済産業省資源エネルギー庁 (2020)『平成30年度エネルギーに関する年次報告 (エネルギー白書2019)』
経済産業省資源エネルギー庁、352ページ
●国立社会保障・人口問題研究所 (2020)『人口統計資料集2020年版』
http://www.ipss.go.jp/syoushika/tohkei/Popular/Popular2020.asp?chap=0
●静岡県くらし・環境部環境局自然保護課 (2017)『静岡県版レッドリスト』
http://www.pref.shizuoka.jp/kankyou/ka-070/wild/red_replace.html
●静岡県くらし・環境部環境局自然保護課 (2020)『静岡県野生生物目録2020年版』
http://www.pref.shizuoka.jp/kankyou/ka-070/wild/mokuroku.html
●静岡県くらし・環境部水利用課 (2014)『静岡県の水』http://www.pref.shizuoka.jp/kankyou/ka-060/mizu.html
●中嶋亮太 (2019)『海洋プラスチック汚染：「プラなし」博士、ごみを語る』岩波書店、141ページ
●中田哲也 (2003) 食料の総輸入量・距離 (フード・マイレージ) とその環境に及ぼす負荷に関する考察. 農林水産政策研究, 5：45-59.
●農林水産省 (2019)『2050年における世界の食料需給見通し』http://www.maff.go.jp/j/zyukyu/jki/j_zyukyu_mitosi/index.html
●藤原 治・谷川晃一朗 (2017) 南海トラフ沿岸の古津波堆積物の研究：その成果と課題. 地質学雑誌 123：831-842.
●安井 至 (2012)『地球の破綻』日本規格協会、350ページ
●安田喜憲 (2008)『生命文明の世紀へ』第三文明社、205ページ
●山田和芳 (2019) いきいきミュージアム ～エデュケーションの視点から～ No.051
地球家族会議が拓く新しい博物館のカ・タ・チ～対話展示の可能性～. 文化庁広報誌ぶんかる
https://www.bunka.go.jp/prmagazine/rensai/museum/museum_051.html
●涌井雅之 (2014)『いなしの知恵』ベストセラーズ、199ページ
●渡辺 偉夫 (1998)『日本被害津波総覧 (第2版)』東京大学出版会、238ページ
●Davies, B. P. and Maunder, W. F. (2014)『Reviews of United Kingdom Statistical Sources』
Butterworth-Heinemann、137ページ
●Furukawa, R., Suto, Y., Ishida, E. H. and Yamauchi, T. (eds.) (2019)
『Lifestyle and Nature: Integrating Nature and Technology to Sustainable Lifestyle』Taylor & Francis、442ページ
●IPCC (2018)『1.5度特別報告書』https://www.ipcc.ch/sr15/
●IPCC (2007)『第4次評価報告書』https://www.ipcc.ch/sr15/http://www.env.go.jp/earth/ipcc/4th_rep.html
●IPCC (2014)『第5次評価報告書』http://www.env.go.jp/earth/ipcc/5th/
●Ishibashi, K. (2004) Status of historical seismology in Japan, Annals of Geophysics. 47：339-368.
●Kitamura, A and Kobayashi, K. (2014) Geologic evidence for prehistoric tsunamis and coseismic uplift during the ad 1854 Ansei-Tokai earthquake in Holocene sediments on the Shimizu Plain, central Japan. The Holocene 24：814–827.
●Lenton, T.M., Rockström, J., Gaffney, O., Rahmstorf, S., Richardson, K, Steffen, W. and Schellnhuber, H. J. (2019)
Climate tipping points — too risky to bet against. Nature 575：592-595.
●Millennium Ecosystem Assessment (編) (2007)『生態系サービスと人類の将来―国連ミレニアムエコシステム評価』オーム社、241ページ
●ノーマン・マイアース (著)・林 勇次郎 (訳) (1981)『沈みゆく箱船』岩波書店、348ページ
●Shiklomanov, I. A. and Rodda, J. C. (2003)『World Water Resources at the Beginning of the 21th Century』
Cambridge University Press、450ページ
●United Nations (2019)『Revision of World Population Prospect』https://population.un.org/wpp/
●WWF (2018)『生きている地球レポート2018より高い目標をめざして』
https://www.wwf.or.jp/activities/data/201810lpr2018_jpn_sum.pdf

参考文献一覧

まえがき

◉岸本年郎（2016）企画展「静岡のチョウ　世界のチョウ」の開催～新たな展示スタイルの試み～. 静岡県博物館協会研究紀要　40：10–17.
◉ふじのくに地球環境史ミュージアム学芸課（2017）『ふじのくに地球環境史ミュージアム コンセプトブック』ふじのくに地球環境史ミュージアム、96ページ
◉山田和芳（2016）静岡県民が考える豊かさとは何か？～ふじのくに地球環境史ミュージアムの挑戦～. 静岡県博物館協会研究紀要　40：2–9.

第一章

◉石 弘之（2016）『最新研究で読む　地球環境と人類史』洋泉社、253ページ
◉石 弘之（2019）『環境再興史 よみがえる日本の自然』KADOKAWA、320ページ
◉石田秀輝・古川柳蔵（2014）『地下資源文明から生命文明へ』東北大学出版会、188ページ
◉環境省編（2019）『令和元年版 環境・循環型社会・生物多様性白書』環境省、354ページ
◉鬼頭 宏（2000）『人口から読む日本の歴史』講談社、243ページ
◉小林達雄（2008）『縄文の思考』筑摩書房、213ページ
◉小林達雄（2018）『縄文文化が日本人の未来を拓く』徳間書店、216ページ
◉事業構想大学院大学出版部（編）（2018）『SDGsの基礎』宣伝会議、180ページ
◉谷口正次（2017）『経済学が世界を殺す』扶桑社、200ページ
◉波多野精一（1948）『時と永遠』岩波書店、237ページ
◉藻谷浩介・NHK広島取材班（2013）『里山資本主義 日本経済は「安心の原理」で動く』角川書店、308ページ
◉安田喜憲（2016）『環境文明論』論創社、647ページ
◉安田喜憲（2017）『森の日本文明史』古今書院、400ページ
◉レイチェル・カーソン（著）青樹簗一（訳）（1974）『沈黙の春』新潮社、394ページ
◉IPCC（2014）『第５次評価報告書』https://www.data.jma.go.jp/cpdinfo/ipcc/ar5/index.html
◉ピーターD・ピーダーセン・竹林 征雄（2019）『SDGsビジネス戦略』日刊工業新聞社、288ページ
◉Takeuchi, K., Brown, R.D., Washitani, I., Tsunekawa, A. and Yokohari, M.(eds.)（2003）『SATOYAMA』Springer、229ページ
◉WHO（2019）『Global Climate in 2015-2019: Climate change accelerates』
https://public.wmo.int/en/media/press-release/global-climate-2015-2019-climate-change-accelerates

第二章

◉稲垣栄洋・楠本良延（2016）静岡の茶草場農法. 農村計画学会誌35：365–368.
◉小山真人（2013）『富士山　大自然への道案内』岩波書店、222ページ
◉磐佐 庸・倉谷 滋・斎藤成也・塚谷裕一（編）（2013）『岩波 生物学辞典 第5版』岩波書店、2174ページ
◉岸本年郎（2019）外来生物は「悪」ではなくて「害」である. 環境考古学と富士山　2：39–45.
◉静岡新聞社出版局（1996）『SEA FANTASY 静岡県の海』静岡新聞社、688ページ
◉渋川浩一（2018）『くらやみの覇者 ―駿河湾のサメにみる多様性と未来― 企画展図録』ふじのくに地球環境史ミュージアム、89ページ
◉杉野孝雄（2016）『静岡県の植物図鑑（上）』静岡新聞社、332ページ
◉杉野孝雄（2017）『静岡県の植物図鑑（下）』静岡新聞社、328ページ
◉丹野夕輝・山下雅幸・澤田均（2016）静岡県中西部の茶草場における外来植物の分布と耕作履歴および環境条件との関係. 雑草研究61：61–70.
◉東海大学海洋学部（編）（2015）『THE DEEP SEA 日本一深い 駿河湾』東海大学出版部、232ページ
◉日本離島センター（2007）『日本の島ガイド SHIMADAS（シマダス）』（第２版第４刷）日本離島センター、1328ページ
◉藤倉克則・奥谷喬司・丸山 正（編著）（2012）『潜水調査船が観た深海生物［第２版］―深海生物研究の現在』東海大学出版会、488ページ
◉安田喜憲（2008）『生命文明の世紀へ』第三文明社、205ページ
◉山崎晴雄（2019）『富士山はどうしてそこにあるのか：地形から見る日本列島史』NHK 出版、238ページ
◉山田和芳（2020）地理学者がみた富士宮のここがすごい. 環境考古学と富士山　4：76–85.
◉吉成暁・鳥居高明・浅沼浩・三好学・石井寛子・大平美波子・海瀬和明・馬場富二夫・久松奨・早川宗志（2020）
静岡県のわさび田における底生生物および陸上昆虫類等生物相. 東海自然誌（13）：39–64.
◉ピーター・ヘリング（著）・沖山宗雄（訳）（2006）『深海の生物学』東海大学出版会、430ページ
◉Millennium Ecosystem Assessment（編）（2007）『生態系サービスと人類の将来―国連ミレニアムエコシステム評価』オーム社、241ページ
◉Mora, C., Tittensor, D.P., Adl, S., Simpson, A.G.B. and Worm., B.（2011）How many species are there on earth and in the ocean?
PLoS Biology, 9(8): e1001127. doi:10.1371/journal.pbio.1001127

第三章

◉岡村 渉（2014）『弥生集落像の原点を見直す・登呂遺跡』新泉社、93ページ
◉日下宗一郎（2017）『企画展図録「先史時代の輝き　―旧石器・縄文時代の人と環境―」』ふじのくに地球環境史ミュージアム、96ページ
◉交通新聞社（2020）『別冊　旅の手帖　静岡』交通新聞社、146ページ
◉徳川林政史研究所（2012）『徳川の歴史再発見　森林の江戸学』東京堂出版、294ページ
◉西ヶ谷恭弘（2002）『衣食住にみる日本人の歴史〈4〉江戸時代～明治時代―江戸市民の暮らしと文明開化』あすなろ書房、47ページ
◉山口 敏（1994）瀬名遺跡出土の弥生時代人骨. *In* 静岡県埋蔵文化財調査研究所報告47集. 瀬名遺跡III（遺物編I）静清バイパス（瀬名地区）
埋蔵文化財調査報告書，3，pp.211–216.
◉山田康弘（2019）『縄文時代の不思議と謎』実業之日本社、192ページ
◉安田喜憲（1991）スギと日本人. 日本研究　4：41–112.

第四章

◉浅井治平（1967）『大井川とその周辺』いずみ出版、340ページ
◉池田安隆・岡田真介・田力正好（2012）「東北日本島弧―海溝系における長期的歪み蓄積過程と超巨大歪み開放イベント」.
地質学雑誌118（5）：294–312.
◉岩田孝仁・北村晃寿・小山真人（編）（2020）『静岡の大規模自然災害の科学』静岡新聞社、255ページ

写真撮影・提供

［提供］

・石田秀輝：図5⑧、5⑬　・伊豆半島ジオパーク推進協議会：図4⑩
・伊豆山みつばち農園：図5⑪　・NPO法人静岡県自然史博物館ネットワーク：p186（上）
・加藤真澄：図2㉕　・国連広報センター：図1⑦　・三内丸山遺跡センター：図1③
・静岡県観光協会：図2⑦、2⑧　・静岡県立中央図書館歴史文化情報センター：図2③
・静岡新聞社：図1⑤、2⑩　・静岡わさび農業遺産推進協議会：図2㉖
・島田市：図4②、4⑥　・世界農業遺産「静岡の茶草場農法」推進協議会：図2㉒
・丹青社、撮影ナカサアンドパートナーズ：
p1～5、図1⑧、3①、3③、3④、3⑤、3⑥、3⑦、3⑧、3⑨、3⑩、4⑯、5①、
p173～177、178（上）、184（下）
・東京国立博物館：図2②　・PIXTA：図5⑩、5⑰
・（独）物質・材料研究機構のデータ参照：図5⑤　・堀本陽三：図4④
・株式会社ミヤモト家具：図5⑯　・123RF：図2①

［出典］

・国土地理院（2002）：図4⑦

［撮影］

・阿諏訪元成：図5⑦
・竹内佐枝子：図2⑳
・竹田武史：図0①、0③、1②、5⑱、p178（下）、182、185（下2点）、186（中）
・星山耕一：図4⑰-1
・三宅隆：図2㉓、2㉔、4⑮
・山下浩平：図5②

百年先 ～地方博物館の大きな挑戦～

発行日：2021年1月6日 初版発行

著　者：ふじのくに地球環境史ミュージアム編

発行者：大石剛

発行所：静岡新聞社
〒422-8033 静岡市駿河区登呂3-1-1
電話 054（284）1666

本文デザイン：坂本陽一（mots）

印刷・製本：三松堂

ISBN978-4-7838-0556-4　C0040